养殖致富攻略·疑难问题精解

种鹅高效生产120问

ZHONG E GAOXIAO SHENGCHAN 120 WEN

施振旦　主编

中国农业出版社
北　京

图书在版编目（CIP）数据

种鹅高效生产120问 / 施振旦主编 . —北京：中国农业出版社，2020.4

（养殖致富攻略·疑难问题精解）

ISBN 978 - 7 - 109 - 26174 - 7

Ⅰ.①种… Ⅱ.①施… Ⅲ.①鹅—饲养管理—问题解答 Ⅳ.①S835.4 - 44

中国版本图书馆 CIP 数据核字（2019）第 254830 号

中国农业出版社出版

地址：北京市朝阳区麦子店街 18 号楼

邮编：100125

责任编辑：周锦玉

版式设计：王　晨　　责任校对：周丽芳

印刷：北京通州皇家印刷厂

版次：2020 年 4 月第 1 版

印次：2020 年 4 月北京第 1 次印刷

发行：新华书店北京发行所

开本：880mm×1230mm　1/32

印张：6.5　　插页：2

字数：180 千字

定价：25.00 元

编写人员

主编 施振旦（江苏省农业科学院畜牧研究所）

参编 邵西兵（广东省家禽科学研究所）

陈 哲（江苏省农业科学院畜牧研究所）

李 银（江苏省农业科学院兽医研究所）

闫俊书（江苏省农业科学院畜牧研究所）

黄运茂（仲恺农业工程学院）

应诗家（江苏省农业科学院畜牧研究所）

本书有关用药的声明

随着兽医科学研究的发展、临床经验的积累及知识的不断更新，治疗方法及用药也必须或有必要做相应的调整。建议读者在使用每一种药物之前，参阅厂家提供的产品说明书以确认推荐的药物用量、用药方法、所需用药的时间及禁忌等，并遵守用药安全注意事项。执业兽医有责任根据经验和对患病动物的了解决定用药量及选择最佳治疗方案。出版社和作者对动物治疗中所发生的损失或损害，不承担任何责任。

中国农业出版社

我国是世界第一养鹅大国。我国每年出栏商品肉鹅总量达到 6 亿只以上，超过世界鹅生产总量的 90%。在过去近 30 年，养鹅业都以 4% 左右的年增长率快速发展，不仅鹅产品价格持续高涨，而且养殖群体规模和养殖区域都在不断扩大，呈现一派兴旺高涨的发展趋势。然而我国养鹅产业起步晚、规模小、水平低，整个行业发展面貌仍然落后于其他家禽行业。现代养鹅生产的重要环节、影响肉鹅生产性能和水平的种鹅生产，虽然比二三十年前有很大进步，但生产中还有很多技术问题亟待解决，如国内很多品种产蛋性能低下使得雏鹅和肉鹅生产成本过高，种鹅的季节性产蛋制约了肉鹅的全年连续生产，养殖和废弃物处理方法不当造成环境污染，鹅福利健康受损和疫病大量暴发等。种鹅生产中的这些问题，与我们在这方面的研究工作不足、技术成果转化不到位及从业者素质水平有限密切相关。

本书主编施振旦组织长期在种鹅生产领域工作且具有丰富经验的一线专家和技术人员，将多年来在国家和政府相关科研项目资助下开展的种鹅研究成果系统整理成书，并且采用一问一答的形式、让农民和技术人员容易理解接受的语言，全面系统地介绍了做好种鹅生产的各方面技术要求和注意事项。这其中，施振旦撰写了概述、鹅场建设与环境控制、反季节繁殖生产、产业前景与从业者素质要求四章及种鹅生产的部分内容，邵西兵撰写了后备种鹅培育、种蛋孵化两章及种鹅生产的部分内容，陈哲撰写了鹅的品种一章，闫俊书撰写了鹅的营养与饲料一章，李银撰写了疾病防治一章，黄运茂参与撰写了种鹅生产的部分内容，应诗家撰写了鹅场废弃物处理一章。

我们相信，本书对各个技术问题的详细答复，应该能够很好地指导种鹅生产人员做好日常工作，让种鹅生产少走弯路，增加生产经营回报。同时也希望通过本书的出版发行，我们能够与各地鹅生产经营人员建立良好的联系渠道，并且能够从他们那里获得新的信息反馈，以利于我们在今后开展更为有针对性的科研，及时解决生产中出现的新问题，并且将新的成果再次及时推广给种鹅生产从业人员。

编　者

2019 年 10 月

目录

CONTENTS

前言

第一章　概　　述

1 鹅有哪些特点和利用价值？

鹅是常见家养禽类的一员，从古到今在我国被普遍养殖。鹅由野生的鸿雁或灰雁驯化而来，有白羽品种和灰羽品种。中国家鹅来自于鸿雁，欧洲鹅种和我国伊犁鹅驯养于灰雁。据薄吾成先生考证，6 000多年前鹅在我国即已被驯养于现在的辽宁丹东附近，然后随先民的迁徙传播于全国各地，并被引进到世界其他国家。

鹅由于其食草习性，可在仅具水、草的条件下生存生长，在养殖群体规模不大时对畜牧养殖条件要求不高，适合作为农业动物用于传统小规模生产。鹅不仅可为人类提供肉质食物，还可提供羽绒作御寒用，更由于其警惕性高、鸣叫声大、攻击性强等特点而被用于看家护院，因此其长期被人类驯养。

《本草纲目》中记载："鹅肉利五脏，解五脏热，止消渴。"指的是鹅肉及其五脏具有补阴益气之功、暖胃开津之效，可控制老年糖尿病患者病情发展、补充孕妇营养等。鹅肉还有其他畜禽肉品无可匹敌的优势。鹅肉因为其脂肪富含多不饱和脂肪酸，有益于心血管健康，被世界卫生组织推荐为健康食品。一些地方特色的鹅肉食品，因其优良的品质风味和食用特性，在广大消费者中具有良好的口碑，其制作烹调技术成为某些地方的非物质文化遗产。而享誉世界的鹅肥肝，近年也在我国被广泛推广消费，并且有研究证明其对软化血管、消除脂肪肝和肝硬化有特殊疗效。因此，在消费者心目中，鹅被认为是优质高档家禽而受到热捧。鹅羽绒绒朵大、弹性强，有较好的蓬松度，轻软又具有较好的吸湿性、透汗性，干爽又无压迫闷热感，具有非常高的市场价格，是提高养鹅经济收入的又一途径。

　　以上原因使鹅在很多地方被大量养殖生产，也使我国成为世界最主要的鹅生产和消费大国，生产和消费总量占世界总量的90%以上。目前全国鹅年出栏总量6亿多只，产鹅肉163.35万吨，总经济产值300多亿元。主要的生产和消费区域为广东、四川、江苏、安徽、山东、浙江、河南、湖南、吉林、黑龙江和辽宁等地。

　　传统养鹅以千家万户零星饲养或作为副业生产，生产视市场和空闲条件时断时续。近年则呈现适度规模的集约化、专业化养鹅的长足发展，在开展种鹅反季节繁殖生产较久的地区，已经出现子承父业的跨代家族经营专业化发展；一些大企业也在进军养鹅业，并通过"公司＋基地＋农户"的合作组织方式，联合众多农户开展适度规模的养鹅大生产。养鹅生产在北方许多省份也蓬勃兴起，并形成产业的南北合作发展。因此，养鹅业在其主产区已经成为发展农村经济、促进农民增收的重要产业。

2 鹅的生理特点有哪些？

　　（1）体温高　鹅的体温高于家畜，为40.5～41.6℃，新陈代谢旺盛；心率较快；按单位体重计算，对氧的需要量约为猪、牛的2倍，其他的有关生理指标也较高；活动性、消化能力强，对饥饿、缺乏饮水较敏感。

　　（2）生长发育快　鹅生长快、成熟早，生长周期短，特别是早期生长迅速。如狮头鹅初生重平均为135克，70日龄体重可达6 110克，为初生重的45倍多。

　　（3）屠宰率高　同其他禽类一样，鹅的屠宰率一般较高，为活重的70%～75%，尤其是可食部分占屠宰体重的60%以上。

　　（4）能够消化利用青草饲料　与其他家禽不同，鹅作为食草动物对纤维类饲料的消化率高，青饲料可以作为鹅的主要营养来源。鹅之所以能单靠吃草而活，主要是依靠肌胃强有力的机械碾磨消化，使可溶性营养物质从草纤维中释放出来，从而被消化吸收。

3 鹅的生活习性有哪些？

（1）喜水性 鹅习惯在水中嬉戏、觅食和求偶交配。在有水源的条件下，种鹅每天约有 1/3 的时间在水上生活，只有在产蛋、采食、休息和睡眠时才回到陆地。因此，宽阔的水域、良好的水源是养鹅重要的环境条件。

（2）喜干性 尽管鹅是水禽，有喜水的天性，但也有喜干燥的一面。夜间鹅喜欢选择到干燥、柔软的草垫上休息和产蛋。因此，鹅休息和产蛋的场所需要保持干燥。

（3）食草性 鹅觅食活动性强，以植物性饲料为主，能大量觅食天然饲草，一般无毒、无特殊气味的野草和水生植物等都可供鹅采食。每只成年鹅每日可采食青草 2 千克。鹅没有嗉囊，食道是一条简单的长管，容积大，能容纳较多的食物。当贮存食物时，颈部食管呈纺锤形膨大。鹅的肌胃强而有力，饲料基本在肌胃中被磨碎。在饲料中添加少量粗砂，或在运动场放置沙砾供鹅采食，有助于鹅对饲料的磨碎消化。

（4）耐寒性 成年鹅耐寒性强，在冬季仍能下水游泳及露天过夜。鹅在梳理羽毛时，常用喙压迫尾脂腺，挤出油性分泌物，涂在羽毛表面使之疏水而不被浸透，结合梳理使羽毛维持平整致密，从而形成防水御寒的特征。一般鹅在 0℃ 左右的低温下，仍能在水中活动；在 10℃ 左右的气温下，仍可保持较高的产蛋率。

（5）警觉性 鹅的听觉很灵敏，警觉性很强，遇到陌生人或其他动物时就会高声鸣叫以示警告，有的鹅甚至用喙啄击或用翅扑击。有的育雏室内甚至使用公鹅作警戒，以防猫、犬和鼠等动物的骚扰危害。

（6）合群性 家鹅具有很强的合群性，行走时队列整齐，觅食时在一定范围内扩散。鹅离群独处时会高声鸣叫，一旦得到同伴的应和，孤鹅会循声归群。出现个别离群独处的鹅，往往是发生疾病的预兆。

（7）生活规律性　鹅具有良好的条件反射能力，活动节奏表现出极强的规律性。如在放牧饲养时，放牧、交配、采食、洗羽、歇息和产蛋都有比较固定的时间。而且每只鹅的这种生活节奏一经形成便不易改变，如母鹅在某一地点产下第一枚蛋后，即会在此地产完全部一窝蛋。

4　种鹅生产组织经营模式主要有哪些？

种鹅的生产组织经营模式主要有自繁自孵和分散繁育集中孵化两种模式。相对于鸡和鸭，鹅的产蛋性能较低，而且目前种鹅养殖都需要较大的场地空间，还无法开展全舍内养殖和笼养。单位场地面积能够承载的鹅数量较低，使得养鹅成本较高，加上大部分鹅养殖农户或企业经济实力有限，养鹅业的产业化发展较缓慢，因此，大部分种鹅养殖单位的生产规模均较小，甚至许多农村的种鹅和肉鹅生产均以副业形式开展。

农家饲养少量种鹅产蛋，然后利用产蛋后表现就巢行为的种鹅孵化种蛋，以此生产雏鹅供应自家或相邻农家的副业鹅养殖之用，为最原始的种鹅自繁自孵的生产模式。在江苏、浙江、安徽、山东、四川和东北等地区，许多农户或企业通过购买一个区域内众多农户的鹅蛋，利用自身的孵化设备集中孵化鹅雏供应市场。通过将分散繁育生产的种蛋集中孵化，许多地方形成了以孵化组织带动种鹅生产的合作社生产模式，形成了鹅雏的规模化生产。

在经济发达、土地等自然资源丰富，以及资金雄厚、科技水平较高的地区，种鹅生产越来越向着规模化集约化方向发展，特别是广东省等地区开展种鹅反季节繁殖生产以来，利用所获得的巨大经济收益投入种鹅的扩大再生产，大批个体农户形成了饲养几万只种鹅的生产规模，获得了购买昂贵的生产和孵化设备的经济能力，完全在自有种鹅场孵化雏鹅，然后向市场销售。这种新阶段高水平的自繁自孵的生产模式，帮助种鹅生产单位能够通过增加鹅雏孵化的利润来增加生产的总收益。而收益的增长，以及目前发达的高速公路交通条件也使农户能够在更为广阔的市场销售鹅雏，增加其收益和扩大市场影响力，更进一步促进其自身发展。在最新的鹅产业发展中，大型畜牧企业通过自行培育性能优良的新品系种鹅，在自繁自孵的基础上，利用"公司＋基地＋农户"的生产组织方式，探索"小规模大生产"的肉鹅养殖新模式，引领今后鹅产业发展新方向。

5 种鹅生产模式主要有哪些？

各地根据自然资源禀赋而开展的种鹅生产方式，主要有南方的"鹅—鱼"综合生产、中部或北方的舍内养殖和北方草原地区的草原放牧生产模式。

（1）南方的"鹅—鱼"综合生产模式　我国传统的养鹅生产主要分布在长江流域及其以南地区，该区域内江河纵横、湖泊众多，水草饲料资源丰富，为养鹅生产提供了良好的自然资源和环境条件，是传统农家副业养鹅的基础。随着改革开放以来的经济发展，养殖行业都呈现规模化集约化发展势头，以通过加大养殖规模提高生产效率和经济效益。在包括鹅、鸭的水禽生产中，为了进一步降低生产成本、提高养殖经济效益，广东省首先将养鱼和养鹅生产相结合，形成了"鹅—鱼"综合生产模式。通过在鱼塘边建造养鹅棚舍，允许鹅利用养鱼水面作为水上运动场所，从而节约专用养鹅场的土地和建造成本；而鹅粪便排泄进入鱼塘，可以为鱼类提供饵料，降低养鱼成本，同时也促进了物质循环利用，成为一种生态养殖模式。这种"鹅—鱼"综合生产模式，促进了养鹅和养鱼的互惠互利，提高了养鹅生产的经济回报，也促进了广东省养鹅业在20世纪90年代的快速发展。然而"鹅—鱼"综合生态养殖模式仅能支撑传统的较小规模的自然繁殖种鹅生产，近年来应用反季节繁殖技术的种鹅生产不断扩大养殖规模，提高养殖密度，同时在炎热的夏季开展生产，所造成的水体富营养化、细菌和毒素污染，严重影响到种鹅的健康和生产性能，最终不得不使养鹅业和养鱼业重新分离。有些目前仍然利用水面养殖种鹅的，由于其良好的经济收益，可以放弃养鱼而完全专注于养鹅生产，或者仅在水面养殖能够净化水质的鱼类且数量、密度控制在较低水平。

（2）中部或北方的舍内养殖模式　中部和北方地区，如江苏、山东和河南省等地区，由于河湖等水资源相对较少，同时由于环保原因如治理太湖的需要，禁止在天然河流公共水体上养殖鹅、鸭等水禽。因此，种鹅生产必须转移到陆地或舍内进行。最为简单的生产操作中仅需建造供鹅产蛋所需的开放式窝棚、运动场、人工小水池和一个供应清洁饮水和活动用水的水井，鹅场废水则通过配套的水渠用于浇灌周边农田的作物或蔬菜。为了开展反季节繁殖生产，目前的陆上舍内养殖生产模式建造了能够调控光照和环境温度的现代化鹅舍，可以使鹅完全封闭于内饲养。反季节繁殖生产能够获得非常好的经济收益，完全能够弥补建造现代化鹅舍等设施的巨大成本，而且反季节繁殖生产能够促进养鹅业的全年均衡生产、带动下游屠宰加工业和消费市场的培育，受到产业的热烈欢迎，其技术的推广又进而促进了鹅的舍内养殖模式的推广。

（3）北方草原地区的草原放牧生产模式　"鹅—鱼"综合生产及舍内养殖两种模式，都需要专门种植牧草以满足鹅对草饲料的需要。北方黑龙江、辽宁、吉林和新疆等草资源丰富地区，以及国外如法国和匈牙利、波兰等东欧国家，则利用丰富的土地资源种植牧草，采用放牧加补饲的模式养殖种鹅。此模式也是当地利用牧草资源养殖肉鹅的主要方式，具有生产成本低廉的优势。此模式一般仍需建造一种鹅生活产蛋或控制光照所需要的鹅舍，并使舍外运动场与牧草地相结合。由于种鹅在牧草地活动空间巨大，粪便在草地分布量小，容易干燥失水灭活其中病原，也极易被草地吸收，对鹅不造成污染，使鹅保持健康并表现良好的繁殖性能，因此该种养结合的生产模式有很好的生态效应。

6　种鹅生产经营有哪些主要工作内容？

与其他养殖生产工作相似，种鹅生产经营主要包括鹅场建设、种鹅培育、繁殖生产、鹅雏孵化、饲料营养、疾病防控、废弃物处理、鹅雏销售和人员管理等。

不论养殖规模大小，或采用何种养殖方法，都需要建造规模适宜的生产场地，建设环境控制良好的鹅舍及内外部设施，从而提高生产效率，提高鹅场生物安全性能，同时减少或避免养殖对外部环境造成的任何污染或疾病传播，形成养殖场与周边地区的和谐共处，使养殖工作得以顺利可持续开展。

生产管理则涉及从种鹅培育、种鹅繁殖、种蛋孵化、鹅雏处理等各生产环节，包括新品种、新技术、新颖投入品、先进的设施设备等的应用，用于提高生产效率、保证鹅只健康、降低疫病发生和死亡率、降低生产成本、研发新颖和/或优质鹅雏产品，以提高产品或鹅雏的市场竞争力及销售价格，提高种鹅场生产经营的经济效益。

生产管理工作还涉及鹅场工作人员的管理，这是影响鹅场工作业绩和性能的非常重要的方面。良好的生产经营者通过持续的学习进步，不断关注行业和市场变化动态，做好鹅场生产工作的重要决策，是使鹅场避免失误获得赢利的重要保障。良好的经营者还需要通过管理鹅场一线生产员工及其工作，提高工作质量和生产业绩，避免无序出入造成疫病传染和重大经济损失，从而做好鹅场的生产经营工作。

第二章 鹅的品种

7 我国数量众多的鹅品种起源及其命名与分类依据是什么？

我国是世界第一养鹅大国，全年产鹅总量占世界全部生产量的90％以上。除新疆伊犁鹅驯化于灰雁外，其他源自鸿雁的鹅种主要分布在从东北地区、东部沿海到西南诸省的广大区域。

我国幅员辽阔，各地区自然资源禀赋、生产方式不同，各民族生活方式和经济文化背景不同，形成了各地鹅种的生产、利用方式差异，经过漫长的驯化和人为选种培育过程，逐步形成了30余种具有不同外貌特征、遗传特性和生产性能的地方鹅品种。例如潮汕地区人民使用鹅祭祀祖宗，而且相互攀比鹅的体型大小，造成人们选择饲养大体型鹅并留种的习惯，从而培育了我国体型最大的狮头鹅品种；原产于广东开平地区的马冈鹅，则源于清朝时民间有意识的杂交选育。

我国目前所具有的鹅品种中，按照生产用途分为肉用型、肉绒兼用型和肝用型3种类型；依据体型或体重大小分为大、中、小3种类型；依据羽毛颜色分为白羽、灰羽、花羽3种类型；依据品种亲本起源分为地方品种、培育品种和引进品种3种。

许多地方鹅种都是根据其体型外貌、生产性能，结合原产地名称和行业俗称来进行鹅种的命名和分类。如马冈鹅原产于广东省开平市马冈镇，浙东白鹅原产于浙江省东部的宁波绍兴等地；狮头鹅主要根据其公鹅在繁殖盛期头部肉瘤和两颊向外鼓出、状似雄狮鬃毛外扩的形态而得名。根据国家畜禽品种审定委员会颁布的相关规定，培育品种和配套系命名常以地名简称或培育单位简称＋体型外貌特征命名，如扬州鹅、天府肉鹅和江南一号配套系等。未得到官方认定但民间大量养殖的三花鹅则是由其头部及肩背两侧浅色灰羽而得名，泰州鹅是由其培育产地位于江苏泰州而得名。

8 我国鹅种体型外貌有哪些特点及利用优势？

我国鹅种有灰羽和白羽 2 种类型。灰鹅的喙和肉瘤为黑色，一般头、颈、背部羽毛为灰色，胸腹部羽毛为灰色，胫和蹼为橘黄色或黑色。白鹅全身羽毛为白色，喙、肉瘤、胫和蹼为橘黄色。

中国鹅的颈细长，公鹅头上肉瘤较大、呈半圆形，母鹅头部肉瘤较小。头部肉瘤明显的品种，其市场销售价格较高，因而广受鹅生产者欢迎。有些地方品种虽然头部肉瘤不很明显，但却具有产蛋性能高的优势，如四川白鹅、扬州鹅等，仍然被大量饲养。引进的欧洲鹅种普遍缺乏头部肉瘤，体型一般较大，生长速度较快，饲料利用率较高，因此也有较好的市场售价，特别是利用从匈牙利引进的霍尔多巴吉鹅作为父本，用于杂交改良东北籽鹅生产商品肉鹅。

作为家鹅的祖先，野生的大雁和鸿雁绝大部分为灰羽，但鹅羽色遗传会有突变，白鹅中会有灰羽出现，灰鹅中有白羽个体出现，野生雁中也都有白色突变个体。而在养鹅生产中，由于白色羽绒更受服装等加工业的欢迎，具有更高的经济价值，因而养鹅业生产白鹅越来越多。但在广东省和南方及西南地区的许多偏僻山区，仍然生产大量灰羽雁鹅品种，用于供应传统鹅肉消费。

广东人民普遍只认省内的狮头鹅、马冈鹅、清远鹅等灰羽品种，甚至在某些地区还更加要求乌羽乌喙乌脚的全灰鹅种，因此白鹅在广东省内处于绝对少数地位。有些地区为了提高种鹅的繁殖效率，利用北方高产的白羽鹅与黑羽公鹅杂交，所生产的杂交后代为灰羽，但在胸脖部存在一条 2～3 厘米宽的环状白羽条带。

引进的肥肝用鹅如朗德鹅也普遍为灰羽，部分白羽突变个体被一些生产单位进一步纯化培育为白羽朗德鹅。广东省汕头市白沙禽畜原种研究所则将狮头鹅与白羽鹅种杂交后，选择白羽个体培育出了白羽狮头鹅新品系。

9 我国目前养殖的鹅有哪些优良地方品种？生产性能和特点有哪些？

（1）马冈鹅

①产地分布：马冈鹅产于广东省开平市马冈镇，分布于江门、佛山、肇庆地区各县市，属中型鹅种。该鹅是1925年自高明县三洲乡引入三洲黑鹅公鹅与阳江鹅母鹅杂交，经过当地长期选育形成的品种，具有早熟易肥的特点。

②外貌特征：雏鹅绒毛深绿色；成年马冈鹅具有乌头、乌颈、乌背、乌脚的特征，头较长，喙较宽，肉瘤圆而向前突出；颈较细长，胸宽，体躯呈长方形；胫细，蹼宽大；头背雪羽为灰黑色，颈背有一条黑色马鬃状羽，胸羽棕色，腹羽白色。

③生产性能：初生重110～116克，成年公鹅体重5.0～5.5千克，成年母鹅体重4.5～5.0千克。肉鹅在一般饲养条件下，90日龄体重达3.5～4.0千克；在以混合料舍饲的条件下，63日龄平均体重达3.2千克，料重比为3∶1。屠宰9周龄未经育肥的肉鹅，公鹅平均体重3.9千克，半净膛率89.7%，全净膛率76.2%；母鹅平均体重3.5千克，半净膛率88.1%，全净膛率77%。繁殖性能：母鹅在140～150日龄可以开产，但是一般生产中通过控料等措施，使其在200～210日龄开产。马冈鹅属于短日照繁殖鹅种，成年经产母鹅产蛋从7、8月开始，于翌年3、4月停止。在一般饲养条件下，母鹅年产蛋4窝，产蛋35枚左右；在良好饲养条件和半人工孵化条件下，母鹅年产蛋5窝，产蛋可达38～40枚，平均蛋重168.5克，蛋壳白色。母鹅就巢性强，每产一窝蛋后就巢一次，全年达4～5次，总时间达70～100天。种鹅群的公、母比例一般为1∶（5～6），种鹅利用年限为5～6年，反季节繁殖生产中一般利用3个产蛋年。

（2）狮头鹅

①产地分布：原产于广东饶平县浮滨乡，多分布于澄海、潮安、汕头市郊和邻近的福建省沼安县，现已被引进到全国各地。

②外貌特征：全身羽毛及翼羽均为棕褐色，边缘色较浅、呈镶边羽。由头顶至颈部的背面形成如马鬃状的深褐色羽毛带。羽毛腹面白色或灰白色。狮头鹅体躯呈方形，头大颈粗，前躯略高。公鹅昂首健步，姿态雄伟。头部前额肉瘤发达，向前突出，覆盖于喙上。成年公鹅两颊有左右对称的黑色肉瘤1～2对，向两侧展开，其状恰如狮子头部鬃毛的外形。公鹅和2岁以上母鹅的黑色肉瘤特征更为显著。喙短，约6.5厘米，质坚实，黑色，与口腔交接处有角质锯齿。睑部皮肤松软，眼皮凸出，多呈黑色，外观眼球似下陷，虹彩褐色。颌下咽袋发达，一直延伸至颈部。胫粗蹼宽，胫、蹼都为橙黄色或黄灰色，有黑斑。皮肤米黄色或乳白色。体内侧有似袋状的皮肤皱褶。

③生产性能：狮头鹅属大型肉用型鹅种，是目前我国农村培育出的最大型鹅种，也是世界上的大型鹅种之一。在以放牧为主的饲养条件下，70～90日龄上市未经肥育的仔鹅，平均体重为5.84千克（公鹅为6.18千克、母鹅为5.51千克），半净膛率为82.9%（公鹅为81.9%、母鹅为81.2%），全净膛率为72.3%（公鹅为71.9%、母鹅为72.4%）。繁殖性能：产蛋季节在每年9月至翌年4月，故狮头鹅属于短日照繁殖鹅种。母鹅在繁殖期内有3～4个产蛋期，每期可产蛋6～10枚。第一个产蛋年度平均产蛋量为24枚，平均蛋重为176.3克，蛋壳乳白色，蛋形指数为1.48。2岁以上母鹅，平均年产蛋量为28枚，平均蛋重为217.2克，蛋形指数为1.53。在改善饲料条件及不让母鹅孵蛋的情况下，个体平均产蛋量可达35～40枚。母鹅可使用5～6年，盛产期在2～4岁。种公鹅在200日龄以上配种方佳。公母配种比例为1∶（5～6），放牧鹅群在水中自然交配。1岁母鹅产蛋的受精率较低，为70%左右，受精蛋孵化率约为90%；2岁以上母鹅产的蛋，受精率达80%，受精蛋孵化率为90%。母鹅就巢性强，每产完一期蛋后，就巢一

次，全年就巢3～4次。母鹅可连续使用5～6年。雏鹅在正常饲养条件下，30日龄雏鹅成活率可达95%以上。

（3）四川白鹅

①产地分布：原产于四川省温江、乐山、南溪地区，广泛分布于四川省江安、长宁、翠屏、宜宾、高县和兴文等区县的平坝和丘陵水稻产区。

②外貌特征：全身羽毛洁白，喙、胫、蹼呈橘红色。成年公鹅体质结实，头颈较粗，体躯较长，额部有一个呈半圆形的肉瘤。成年母鹅头清秀，颈细长，肉瘤不明显。

③生产性能：平均初生重81.1克；60日龄前生长较快，60日龄平均体重2 855.7克，平均日增重46.2克；90日龄平均体重3 528.9克，60～90日龄平均日增重22.1克。6月龄公鹅平均体重3.57千克，全净膛率79.3%，胸腿肌重829.5克、占胴体重的29.3%；6月龄母鹅平均体重2.9千克，全净膛率73.1%，胸腿肌重645克、占胴体重的34.4%。成年公鹅平均体重4.86千克，全净膛率75.9%，胸腿肌重861克、占胴体重的29.5%；成年母鹅体重为4.21千克，全净膛率73.5%，胸腿肌重788克、占胴体重31.7%。料重比（1～1.3）：1（不包括青饲料），骨肉比0.37：1。繁殖性能：公鹅性成熟期180日龄左右，母鹅开产日龄200～240日龄。公母比例1：（3～4），受精率为84.5%，受精蛋孵化率为84.2%，育雏成活率97.6%（0～20周）。四川白鹅属于短日照繁殖鹅种，产蛋旺季为10月至翌年4月，一般年产蛋量60～80枚，高的可达100～120枚，平均蛋重149.9克，蛋壳白色。个别母鹅有就巢性。

（4）浙东白鹅

①产地分布：中心产区位于浙江省宁波市的象山县、奉化区，舟山市的定海区等浙东地区，现已广泛分布于浙江、江苏等地区。

②外貌特征：一般出壳雏鹅为黄毛，30日龄出现三点白，两肩和尾部脱掉胎毛，40日龄出头毛，60日龄主翼长为刀翎，80日龄以上两翼相碰或交叉。成年鹅体型中等，体躯长方形，全身羽毛

洁白，约有 15% 的个体在头部和背侧夹杂少量斑点状灰褐色羽毛，额上方肉瘤高突、呈半球形，随年龄增长，突起变得更加明显。浙东白鹅无咽袋、颈细长；喙、胫、蹼幼年时呈橘黄色，成年后变橘红色；肉瘤颜色较喙色略浅，眼睑金黄色，虹彩灰蓝色。成年公鹅体型高大雄伟，肉瘤高突，鸣声洪亮；成年母鹅腹宽而下垂，肉瘤较低，鸣声低沉，性情温驯。

③生产性能：70 日龄左右上市，体重 3.5～4.0 千克。半净膛率为 81.1%，全净膛率为 72.1%，肉用性能突出，是公认的肉质优良的鹅种。肉用仔鹅烫煺毛平均为（213.37±38.69）克，最少 125 克，最多 400 克。平均每只可取羽绒 120～160 克，其中含绒 8%～9%。繁殖性能：浙东白鹅于 9 月开产，至翌年 4 月休产，属于短日照繁殖鹅种。一般于春季 4、5 月选留的雏鹅，至 9 月 150 日龄左右时母鹅即开产，公鹅 4 月龄开始性成熟，初配控制在 160 日龄以后。自然孵化状态下，一般每年有 3～4 个产蛋期，1 个产蛋期约 70 天，其中产蛋 20 天、孵化 30 天、休产恢复 20 天。每期产蛋量为 8～13 枚，年产蛋量 35～40 枚，蛋重 149 克左右，蛋壳白色。种鹅群公母比 1∶5，采用人工辅助配种，公母比可达 1∶15。种蛋受精率在 90% 以上，公鹅可利用 3～5 年。以第 2～3 年为最佳时期，母鹅以 3～5 年内最好。现在种鹅场普遍采用全自动孵化机孵化种蛋，可以进一步缩短母鹅的产蛋周期间隔，提高产蛋量和孵化率。

（5）皖西白鹅

①产地分布：皖西白鹅原产于安徽省西部丘陵山区和河南省固始一带，主要分布于皖西的霍邱、寿县、六安、舒城等县市。近年来也被引种到吉林、河南、湖北、内蒙古等地。

②外貌特征：雏鹅绒毛淡黄色，成年鹅全身羽毛白色，部分鹅头顶有灰毛。体型中等，胸深广，背宽平。头顶肉瘤呈橘黄色高耸突起，圆而光滑无皱褶。喙橘黄色，胫、蹼为橘红色。约 6% 的鹅颌下带有咽袋。4% 个体头颈后部有顶心毛。公鹅肉瘤大而突出，颈粗长有力。母鹅颈较细短，腹部轻微下垂。皖西白鹅的其他外貌

多样性还表现在咽袋和腹皱褶上，使之出现有咽袋腹皱褶多、有咽袋腹皱褶少、无咽袋有腹皱褶、无咽袋无腹皱褶等类型。

③生产性能：成年公鹅体重6.12千克，成年母鹅体重5.56千克。经屠宰测定，公鹅半净膛率为78%，全净膛率为70%；母鹅半净膛率为80%，全净膛率为72%。皖西白鹅羽绒质量好，一只鹅产绒300～500克，尤以绒毛的绒朵大而著称。繁殖性能：皖西白鹅繁殖季节性强，产蛋多集中在1—4月，属于长日照繁殖鹅种。3%～4%的母鹅可连产蛋30～50枚，群众称之为常蛋鹅；然而绝大部分母鹅就巢性强，使之全年仅产2窝蛋，共25枚左右。平均蛋重142克，蛋壳白色，蛋形指数1.47。公母配种比例1：（4～5），种蛋受精率为88%以上。

（6）豁眼鹅

①产地分布：豁眼鹅又称为豁鹅、疤拉眼鹅，在山东省又称为五龙鹅，原产山东省烟台一带，是目前世界上产蛋量最高的鹅种之一，也是世界上著名的小型鹅良种，主要分布于山东胶东半岛和东北等地。山东莱西、莱阳、海阳，辽宁昌图，吉林通化，以及黑龙江延寿县为中心产区。栖霞、乳山、威海、即墨等周边地区均有分布。

②外貌特征：体型较小，体质细致紧凑，全身羽毛洁白紧贴，头呈方形、中等大小，额前长有表面光滑的肉质瘤，眼呈三角形，上眼睑有一疤状缺口，为该品种独有特征，颌下偶有咽袋。喙扁阔，颈细长呈弓形，体躯为蛋圆形，背平宽，胸满而突出，前躯挺拔高抬，成年母鹅腹部丰满略下垂，偶有腹褶，腿脚粗壮，有蹼相连。嘴、肉瘤、跖、蹼为橘黄色，嘴端肉红色，称为粉豆。

③生产性能：公鹅仔鹅初生重70～77.7克，母鹅仔鹅68.4～78.5克。成年公鹅体重3.7%～4.5千克，母鹅3.5%～4.3千克。屠宰测定：全净膛率公鹅为70.3%～72.6%，母鹅为69.3%～71.2%。成年鹅每年产毛250克，其中绒毛60克，占24%；瓦毛、大翎毛为198克，占76%。绒毛质量好，颜色洁白无杂绒。每只成年鹅每年可活拔绒3次，平均每次拔绒量40克。繁殖性能：

豁眼鹅性成熟期一般为 7 月龄，母鹅最早 6 个月见蛋，属于长日照繁殖鹅种。公母比例 1 : (6～7)，在有水面的条件下受精率可达 90%～95%。每年换羽时间在 8—10 月，换羽速度快，仅需 1～2 个月。豁眼鹅产蛋多，平均开产日龄为 210 日龄，辽宁昌图地区豁眼鹅开产记录在 190～195 日龄，通常 2 天产 1 枚蛋，在春末夏初旺季可 3 天产 2 枚蛋。半放牧圈养条件下，春秋两季的全年产蛋数为 90～100 枚，最高产蛋可达 110 余枚；在以放牧为主的粗放饲养条件下，平均产蛋 90 枚，平均蛋重 135 克。高产鹅在冬季给予必要的保温和饲料，可以继续产蛋。

（7）籽鹅

①产地分布：主产于黑龙江绥化地区和松花江地区，以肇东市、肇源县、肇州县等市县饲养最多，广泛分布于黑龙江、吉林省各地。近年来，中西部地区饲养量增加。

②外貌特征：雏鹅羽毛黄色，成年籽鹅体型小，略呈长圆形，全身羽毛白色，颈细长，头上有小肉瘤，多数头顶有缨。喙、胫和蹼为橙黄色。额下垂、皮较小，腹部不下垂。

③生产性能：公鹅仔鹅初生重 73～90 克，母鹅仔鹅 69～84.5 克。10 周龄公鹅体重 2.34～2.9 千克，母鹅 2.02～2.65 千克。成年公鹅体重 4.15～4.31 千克，母鹅 3.24～3.48 千克。屠宰测定：公鹅全净膛率为 74.84%，母鹅为 70.72%；公鹅半净膛率为 80.65%，母鹅为 83.78%。繁殖性能：籽鹅属于长日照繁殖鹅种，开产日龄 180～190 日龄，公母配种比例 1 : (5～7)，受精率可达 85%～90%，通常 2 天产 1 枚蛋，在春末夏初旺季可 3 天产 2 枚蛋，春秋两季的全年产蛋数 85～100 枚，平均蛋重 130 克，个别达到 150 克，蛋壳白色。

（8）太湖鹅

①产地分布：原产于长江三角洲的太湖地区，现分布于浙江省嘉湖地区、上海市郊县及江苏省太湖地区。由于体型较小，加上近交导致的品种衰退，以及受其他优良品种的冲击，目前存栏量较少，处于保种状态。

②外貌特征：雏鹅全身乳黄色，喙、胫、蹼橘黄色。成年鹅体质细致紧凑，全身羽毛紧贴，肉瘤圆而光滑，无皱褶。颈细长呈弓形，无咽袋。公鹅体型较母鹅高大雄伟，母鹅肉瘤较公鹅小，喙较短。全身羽毛洁白，偶在眼梢、头顶、腰背部有少量灰褐色斑点；喙、胫、蹼均橘红色，喙端色较淡，爪白色；眼睑淡黄色，虹彩灰蓝色。

③生产性能：雏鹅初生重平均为91.2克，70日龄左右即可上市，平均体重2.5～2.8千克。成年体重，公鹅为4.5千克左右，母鹅为3.5千克。经屠宰测定，仔鹅半净膛率为78.6%，全净膛率为64%；成年公鹅半净膛率为84.9%，全净膛率为75.6%；成年母鹅半净膛率为79.2%，全净膛率为68.8%。繁殖性能：160～180日龄即开产，年产蛋约60枚，高产鹅可达80～90枚。太湖鹅为短日照繁殖鹅种，平均蛋重135.3克，壳色白色，蛋形指数1.44。公母配种比例1：（6～7），种蛋受精率90%以上，孵化率在85%以上。

（9）溆浦鹅

①产地分布：溆浦鹅产于湖南省沅水支流的溆水两岸，中心产区在溆浦县城附近的新坪、马田坪、水车等地，以及怀化地区各县市。目前存栏量较少。

②外貌特征：溆浦鹅有白羽和灰羽两个品系，白羽雏鹅淡黄色绒毛，灰羽雏鹅黑色绒毛。溆浦鹅成年鹅体型高大，体躯稍长、呈圆柱形，长期人为选择下，绝大多数溆浦鹅为白羽，灰羽和花色羽比例已经很小。公鹅头颈高昂，直立雄壮，叫声清脆洪亮，护群性强。母鹅体型稍小，性温驯，觅食力强，产蛋期间后躯丰满、呈蛋圆形。腹部下垂，有腹褶。有20%左右的个体头上有顶心毛。灰鹅背、尾、颈部为灰褐色，腹部呈白色，皮肤浅黄色。眼睑黄色，虹彩灰蓝色，胫、蹼呈橘红色，喙黑色，肉瘤光滑而突起、呈灰黑色。白鹅全身羽毛白色，喙、肉瘤、胫、蹼都呈橘黄色。皮肤浅黄色，眼睑黄色，虹彩灰蓝色。

③生产性能：溆浦鹅体型较大，觅食能力强，肥肝性能优异，

体重、体斜长、胸宽、胸深、胫长，成年公鹅分别为 5 890 克、（39.4±0.15）厘米、（13.3±0.19）厘米、（10.7±0.17）厘米、（12.5±0.09）厘米；成年母鹅分别为 5 330 克、（37.3±0.25）厘米、（12.0±0.06）厘米、（9.4±0.05）厘米、（11.2±0.04）厘米。经屠宰测定，6 月龄公鹅半净膛率为 88.6%，母鹅为 87.3%；公鹅全净膛率为 80.7%，母鹅为 79.9%。繁殖性能：一般年产蛋 30 枚左右，平均蛋重为 212.5 克。蛋壳多数呈白色，少数淡青色。蛋壳厚度为 0.62 毫米，蛋形指数 1.28。公母配种比例 1：（3～5），种蛋受精率约 92%。

10 国内培育鹅品种或配套系有哪些？生产性能和特点有哪些？

（1）扬州鹅

①产地分布：扬州鹅是由扬州大学、扬州市农业局等单位利用我国皖西白鹅、四川白鹅和太湖鹅等地方良种遗传资源，采用现代遗传育种理论和技术手段，经杂交、配合力测定，筛选出最佳组合，再进行横交固定和世代选育而培育出的新鹅种，于 2006 年通过国家畜禽资源委员会审定。扬州鹅具有遗传性能稳定、体型外貌一致、繁殖率高、早期生长速度快、肉质优、适应性强等特点。扬州鹅主产于江苏省高邮市、仪征市及邗江区，目前已推广至江苏全省及上海、山东、安徽、河南、湖南、广西等地。

②外貌特征：雏鹅全身绒羽乳黄色，喙、胫、蹼橘红色。成年公鹅比母鹅体型略大，体格雄壮，母鹅清秀。头中等大小，高昂。前额有半球形肉瘤，呈橘黄色。颈匀称，粗细长短适中。体躯方圆紧凑。羽毛洁白、绒质较好，偶见眼梢或头顶或腰背部有少量灰褐色羽毛的个体。喙、胫、蹼橘红色，眼睑淡黄色，虹彩灰蓝色。

③生产性能：初生重为 94 克，70 日龄可达 3.45 千克，成年公鹅体重 5.57 千克，成年母鹅体重 4.17 千克。70 日龄公鹅平均半净膛率为 77.30%，母鹅 76.50%；70 日龄公鹅平均全净膛率为 68%，母鹅 67.70%。繁殖性能：一般在秋季 9—10 月开产，至翌

年5—6月休产，是属于秋季开产的长日照繁殖鹅种。虽然育种群产蛋数往往可达到70枚以上，但大群生产的平均产蛋数为50～60枚。蛋重140克，蛋形指数1.47，蛋壳白色。公母鹅配种比例1:（6～7），平均种蛋受精率91%，受精蛋平均孵化率88%。公母鹅利用年限2～3年。

（2）天府肉鹅配套系

①产地分布：由四川农业大学、四川省畜牧总站及四川德阳景程禽业有限责任公司等单位，利用白羽朗德鹅、四川白鹅等国内外优良鹅种基因资源，运用现代家禽配套系育种技术经过多个世代选育而成。其父系（P1系）来源于四川白鹅和白羽朗德鹅的杂交、回交后代，母系（M1系）来源于四川白鹅，2011年通过国家畜禽资源委员会审定。

②外貌特征：父母代公鹅出壳时绒毛黄色，成年后羽毛白色，颈部羽毛呈簇状；喙、胫、蹼橘红色，体型较大且丰满，颈较粗短，额上基本无肉瘤。母鹅出壳时全身绒毛黄色，成年后全身羽毛白色，喙、胫、蹼橙黄色，头清秀，颈细长，额上有较小的橘黄色肉瘤。商品代雏鹅出壳时全身绒羽为黄色，70日龄时全身羽毛为白色，喙、胫、蹼橙黄色。

③生产性能：父母代种鹅成年体重，公鹅为5.3～5.5千克，母鹅为3.9～4.1千克。商品代肉鹅在放牧补饲饲养条件下，成活率达95%以上，60日龄活重3.25～3.50千克，70日龄活重3.6～3.8千克，10周龄补饲料重比2.1:1，肉质优良，具有突出的肉用价值。繁殖性能：父母代种鹅开产日龄200～210日龄，入舍母鹅年产蛋量85～90枚，蛋重140～141克，受精率88%以上，配种比例1:4。

11 引进优良鹅品种有哪些？

（1）朗德鹅

①产地分布：朗德鹅又称为西南灰鹅，原产于法国西部靠比斯开湾的朗德省，是世界著名的肥肝专用品种，我国已多次引进，目

前在吉林、浙江、江苏、山东、辽宁及黑龙江等很多地区饲养。

②外貌特征：雏鹅全身大部分羽毛为深灰色，少量颈部、腹部羽毛较浅，喙和脚为棕色，少量为黑色。颈粗短，头浑圆。成年鹅背部毛色为灰褐，在颈、背处都接近黑色，在胸部毛色较浅、呈银灰色，到腹下部则呈白色。也有部分白羽个体或灰白杂色个体。通常情况下，灰羽的羽毛较松，白羽的羽毛紧贴，喙橘黄色，胫、蹼肉色。颈粗大，较直。体躯呈方块形，胸深背阔。

③生产性能：成年公鹅体重 7.0～8.0 千克，成年母鹅体重 6.0～7.0 千克。8 周龄仔鹅活重可达 4.5 千克左右。肉用仔鹅经填肥后，活重达到 10～11 千克，肥肝重达 0.7～0.8 千克。国内一些厂商生产的肥肝甚至达到 1 千克。该鹅对人工拔毛耐受性强，羽绒产量在每年拔毛 2 次的情况下，可达 350～450 克。繁殖性能：朗德鹅是长日照繁殖鹅种，性成熟期约在 180 日龄，一般在 2～6 月产蛋，年平均产蛋 50～60 枚，平均蛋重 180～200 克。公母配比 1:3，种蛋受精率 70%～80%。

(2) 莱茵鹅

①产地分布：原产于德国的莱茵河流域，经法国克里莫公司选育，成为世界著名肉毛兼用型品种，现广泛分布于欧洲各地。我国在 1989 年从法国引进莱茵鹅，目前在吉林、黑龙江、重庆等地推广养殖。

②外貌特征：莱茵鹅体型中等。体高 31.5 厘米，体长 37.5 厘米，胸围 66.0 厘米。初生雏鹅绒毛为灰褐色，随着生长周龄增加而逐渐变白，至 6 周龄时变为白色羽毛，成年时全身羽毛白色，喙、胫、蹼均为橘黄色。头上无肉瘤，颌下无皮褶，颈粗短而直。

③生产性能：成年公鹅体重 5.0～6.0 千克，母鹅 4.5～5.0 千克。前期生长速度快，仔鹅 8 周龄体重可达 4.0～4.5 千克，料重比为（2.5～3.0):1，屠宰率为 76.15%，活重为 5.45 千克，胴体重为 4.15 千克，半净膛率为 85.28%。繁殖性能：莱茵鹅为长日照繁殖鹅种，但母鹅开产日龄为 210～240 日龄，生产周期与季节特征和气候条件有关，正常产蛋期在 1 月至 6 月末，年产蛋

50～60 枚，平均蛋重为 150～190 克。莱茵鹅公母配比为 1:(3～4)，种用期为 4 年。种蛋受精率为 75%，受精蛋孵化率为 80%～85%。雏鹅成活率高达 99.2%。

（3）霍尔多巴吉鹅

①产地分布：霍尔多巴吉鹅是由欧洲最大的水禽养殖加工企业匈牙利霍尔多巴吉养鹅股份公司多年培育的、国际公认的绒蛋兼用型优良品种。该品种不仅肉质鲜嫩，蛋白质含量高，脂肪含量低，胆固醇含量低，而且产毛多、含绒量高、绒朵大、弹性好，尤其耐粗饲、抗寒抗热、适应性强。目前，在内蒙古、山东、黑龙江、安徽、江苏、海南和吉林等地建有种鹅场。

②外貌特征：雏鹅背部为灰褐色，余下部分为黄色绒毛，2～6 周龄羽毛逐渐长出，变成白色。成年鹅体型高大，羽毛洁白、丰满、紧密，胸部开阔，光滑，头大呈椭圆形，眼蓝色，喙、蹼呈橘黄色，胫粗而蹼大，头上无肉瘤，腹部有皱褶下垂。

③生产性能：雏鹅体重平均 100～110 克。育雏 28 天，鹅体重量平均可达 2.2 千克。60 日龄体重可达 4.5 千克。180 日龄公鹅体重达 8～12 千克，母鹅达 6～8 千克。饲养到 8～9 周龄可以首次取绒，以后每隔 6 周取绒 1 次，每只鹅每次可取羽绒 100～110 克，含绒量为 18%～20%；以后 2～3 次分别是 160～170 克，含绒量为 20% 以上。繁殖性能：霍尔多巴吉鹅属于长日照繁殖鹅种，母鹅 8 个月左右开产，公母鹅配种比例是 1:3。母鹅可连续使用 5 年。种鹅在陆地即可正常交配。正常饲养情况下，年平均产蛋 40～50 枚，蛋重平均 170～190 克，蛋壳坚厚、呈白色，种蛋受精率可达 97%，受精蛋孵化率 75% 以上，雏鹅成活率 98%。

（4）罗曼鹅

①产地分布：罗曼鹅是欧洲古老品种，原产于意大利，有灰、白、花羽 3 种。在我国，目前主要饲养白羽罗曼鹅。丹麦、美国和我国台湾对白羽罗曼鹅进行了较系统的选育，主要目的是提高其体重和整齐度，改善其产蛋性能。英国则选体型较小而羽毛纯白美观的个体留种。白罗曼鹅经我国台湾地区引进和培育并成为其主要的

肉鹅生产品种，饲养量占台湾全省的 93% 以上。

②外貌特征：白罗曼鹅属于中型鹅种，全身羽毛白色，眼为蓝色，喙、胫与趾均为橘红色。其体型明显的特点是"圆"，颈短、背短、体躯短。

③生产性能：成年体重，公鹅 6.0～6.5 千克，母鹅 5.0～5.5 千克。仔鹅 8 周龄体重可达 4.0 千克，料重比约为 2.8∶1。肉用性能好，羽绒价值高，可以用于肉鹅和羽绒生产，也可以用作杂交配套的父本改善其他品种的肉用性能和羽绒性能。繁殖性能：母鹅每只年产蛋数 40～45 枚，受精率 82% 以上，孵化率 80% 以上。

（5）卡洛斯鹅

①产地和分布：卡洛斯鹅是由匈牙利卡洛斯公司培育的绒肉兼用型优良品种。2011 年 3 月，由农业部执行"948"项目引进卡洛斯鹅曾祖代种蛋 1 200 枚，经过孵化、育雏、育成几个阶段，获得卡洛斯鹅祖代核心群 880 只种鹅。2012 年后，以该品种进行扩繁。目前，在吉林、内蒙古、湖南等地有推广养殖。

②外貌特征：雏鹅绒毛黄色，头顶及背部后方呈浅黑灰色，20 日龄后逐渐变成白色。成年鹅全身羽毛白色，喙、胫、蹼橘红色，无肉瘤。

③生产性能：平均初生重 105 克，28 日龄平均体重 2.2 千克，料重比 2∶1。60 日龄平均体重 4.5 千克，料重比 2.16∶1。180 日龄平均体重 6.5～7.0 千克，料重比 2.4∶1。饲养到第 60、105、150、195 日龄可分别进行拔毛，每只鹅拔毛量分别为 110、150、200、240 克。4 次拔毛重共计 700 克，相当于本地鹅的 2.8 倍。繁殖性能：放牧加舍饲情况年均产蛋 48.4 枚，强化舍饲条件年均产蛋 62.8 枚，平均蛋重 175 克。种蛋受精率 93.1%，孵化率 81.2%，育雏成活率 95.6%。

12 如何选择优良鹅种？引种时应注意哪些事项？

（1）引入品种的选择　选择合适的品种是确保养鹅增效的关键，应综合考虑当地市场条件、消费习惯等因素，以明确养鹅的目标，同时考虑所引品种的经济价值，尽量引进国内已扩大繁育的优良品种。引种前，要对引入品种的生产性能、饲料营养有足够的了解，包括外貌特征、繁殖性能、饲养管理特点和抗病力等，以便引种后评估。此外，引入的良种还要符合品种标准，引种场必须具有种畜禽生产许可证书。

（2）引种前准备工作　引种前根据引入地饲养条件和引入品种生产要求，准备好圈舍和饲养设备，做好清洗、消毒工作，备足饲料、用具和常用药物，培训饲养和技术人员，确保接鹅雏后，尽快投入人力、物力，以提高雏鹅育雏阶段成活率。

（3）严格的检验检疫　引种必须符合国家法规规定的检疫要求。严禁到疫区引种，引入成鹅必须单独隔离饲养，经观察确认无病后方可入场。有条件的可对引入品种及时进行重要疫病检测，发现问题及时处理。

（4）引种的注意事项　为减少不必要的损失，首次引种数量不宜过多，引入后要先进行1～2个生产周期的性能观察，确认效果良好时，再适当增加引种数量，扩大繁育。引种时应引进体质健康、发育正常、无遗传疾病、未成年的雏鹅或种蛋，因为这样的个体可塑性强，容易适应环境。注意引种季节，最好选择在两地气候差别不大的季节进行，以便使引入个体逐渐适应本地气候的变化。从寒冷地带向热带地区引种，以秋季最好；而从热带地区向寒冷地区引种，则以春末夏初为宜。做好运输组织工作安排，避开疫区，尽量缩短运输时间。夏季引种尽量选择在傍晚或清晨凉爽时运输，冬春季节尽量安排在晴朗的中午运输。如运输时间过长，就要做好途中饮水、喂食的准备，以减少途中损失。

第三章　鹅场建设和环境控制

13 种鹅场的建设和规划要考虑哪些因素？

　　良好的开端是成功的一半。种鹅场建设是种鹅生产的首要工作，其工作好坏程度往往影响到生产管理水平、种鹅的生产性能，生物安全性和疫病发生乃至生产经营成败，因此必须根据鹅的生物学特性和家禽生产的基本准则做好种鹅场的各项建设工作。

　　鹅对生活所处的环境要求较高，主要表现在对养殖场空间和环境质量要求非常高。如鹅天性敏感，易紧张躁动，对大肠杆菌等细菌及细菌内毒素较为易感，这些因素决定了养鹅场所需要有较大的空间不致粪污等废弃物密集堆积，从而保持较好的清洁卫生条件。因此，应通过良好的规划和建设，在满足鹅的福利和防疫的需要基础上，保持鹅健康并提高其生产性能，减少各种疫病损失，提高鹅产品的安全性和经济价值，同时实现养鹅生产的标准化、机械化、自动化，提高劳动生产效率，提高养鹅生产的经济效益和可持续发展能力。虽然各地种鹅养殖规模和品种各异，自然资源、经济条件和科技水平也不尽相同，但在种鹅场的建设规划中，都需要遵循和满足以上要求。

　　鹅场规划中要考虑以下几点。

　　场地位置：良好的选址可以保证鹅场不受自然灾害、外界工业污染、人员车辆流动的干扰影响，提高养鹅场的生物安全性，同时避免养鹅场废弃物对外界环境的污染。

　　鹅场布局：鹅场内各功能区的划分、各生产舍和设施设备的建设等，影响和决定鹅场各项工作能否高效开展、防疫安全性甚至生产经营的成败。

生产规模和生产方式：这两者都依赖于鹅场规划和建造水平，这些因素将影响种鹅的健康和生产性能的发挥，进而影响到生产经营的成败。

（1）鹅场选址

①鹅场空间位置要求：养鹅场选址首先要选择空旷且与周边有较好隔离的地点。如养鹅场周围3千米内无城镇和大型化工厂、矿场，2千米内无屠宰场、肉品加工厂、动物医院和其他畜牧场等污染源，以避免城市及工厂排放的"三废"及噪声对鹅造成的影响，同时也可避免养殖场本身对城市环境的影响。

对于位于农村的养鹅场，其与村庄和居民点的距离至少要保持有500米以上，与其他畜禽场之间的距离也应在500米以上，特别是与大型畜禽场间的距离则应不少于1 000米。养殖场间保持适当的空间距离，可以降低病原在场间的相互传播机会，提高养殖场的生物安全性，防止疫病的暴发。

②水源供应条件：作为水禽，鹅具有喜水的习性。水源对鹅的福利、健康和生产性能具有重要影响，所以鹅场应选在有稳定、可靠水源供应之地，水质和水量均应有可靠保证。南方水源充足，鹅场可以依靠独立的鱼塘、水库等天然水源建设，但不宜建在公共流动水体之上，以免粪便污染河水，或由河水流动而造成疫病的传播。供鹅只洗浴、交配等活动的鱼塘和水库等水体，需要尽量宽阔，水深1～2米，方能确保水体的清洁卫生，不致危害鹅只健康。北方水源较少，可以通过修建人工水池结合从河流或机井取水，提供鹅活动所需水源。除此之外，鹅场选择水源必须依据以下原则。

水量充足：水源水量能满足场内人员生活用水、鹅饮用和饲养管理用水，以及牧草灌溉需要。应特别注意，在枯水期时该水源的水量也能够满足要求。

水质良好：对鹅饮用和饲料调制水来说，若水源的水质不经处理就能符合饮用水标准，则最为理想。但除了以集中式供水（如当地城镇自来水）作为水源外，一般就地选择的水源必须经过净化消毒，达到《无公害食品畜禽饮用水水质》（NY 5027—2008）标准才能使用。

便于防护：水源周围的环境卫生条件应较好，以保证水源水质经常处于良好状态。以地表水作水源时，取水点应设在工矿企业和城镇的上游，远离其他养殖场所和动物废弃物处理场。

经济划算：鹅场用水要取用方便，设备投资少，处理技术简便易行，经济合理。

鹅场就地自行选用的水源一般来自地表水和地下水两大类。地表水一般包括江、河、湖、塘及水库等所容纳收集的水；地下水是降水和地表水经过地层的渗滤作用贮积而成。

③交通：鹅场正常生产需要高效顺畅输送原料和产品，所以必须保持鹅场具有良好的交通运输条件。而鹅场又需要保持良好的生物安全性，避免鹅受到外界不良因素的干扰应激，因此一般的准则是将鹅场选建在距离交通干线 1 千米左右的位置，通过修建通向交通干线的专用道路，使鹅场具备良好的交通运输条件。

④电力：现代化鹅生产更加注重采用机械化自动化生产技术，鹅场正常生产中的照明和光照控制、通风降温、孵化、污水处理等都需要不间断的电力供应。因此，须将鹅场选建在高压输电线和变电站附近，这样做不仅能够保障电力供应，还可以节约输电线路的建设开支，降低电力的线路损耗。对于养鹅场特别是其孵化厂，还应当考虑采用双路供电或自备发电设备，以便输电线路发生故障或停电检修时能够保障正常供电。

⑤防疫：卫生防疫条件是鹅场经营的关键决定因素，在鹅场选址中应得到高度重视。当前的养鹅舍往往是敞开式的，其内部环境条件容易受到外部因素影响，所选场址要远离其他畜牧场、动物医院、屠宰场、化粪池等可能的疫源。

⑥地势：鹅场要有稍高地势，鹅舍至水面低处要倾斜 $5°\sim10°$，以利排水。鹅舍要建在水源的阳面、水陆运动场的北面，使鹅舍大门面对水面向南开放，这种朝向的鹅舍冬暖夏凉，有利于使运动场和鹅

舍内部保持干燥通风、杀灭病原，保障鹅健康，提高其生产性能。

⑦排污：鹅采食量较大，所产生粪便量也较多，需要建造专门的鹅粪便堆肥处理棚舍，棚舍要求具有良好的防雨性能，以防止雨水淋洗粪便造成污染。鹅场水池的污水及鹅场清洗污水，需要经过污水处理池发酵处理，或者与鹅粪便混合经过沼气池发酵分解处理，达到环保排放要求后方能外排。一般在鹅场选址时，可以尽量将鹅场选在靠近农田、果园林地、荒山坡地或水生作物田地如莲藕塘边，以便将鹅场处理过的粪水等废弃物就近应用到农田中，通过种养结合实现物质的循环利用，达到生态养鹅。

（2）鹅场布局　鹅场布局以有利于组织生产、有利于防疫的原则，做好鹅场的各功能区及各设施的规划布局，这是决定鹅场建成后生产能否顺利高效开展甚至成败的关键条件之一。现代化的鹅场一般包含场前区、生产区和隔离区三大部分。图3-1为一个现代化、规模化的鹅场各功能区的整体布局。

鹅场具有员工生活区（包括宿舍和食堂）、办公区、生产区（包括更衣消毒室、鹅舍、蛋库、饲料仓库）、隔离区（外购新鹅观察区、病鹅治疗隔离区）、污物处理区（粪便处理设施、污水发酵处理池和焚尸炉）。对于规模较大的鹅场，需要设置专门的孵化厂，同时还需要设置贮蛋库和孵化房，但贮蛋库和孵化房都需要远离鹅舍，并且接近鹅场出口，以方便鹅雏销售并减少车辆进出对鹅场内部的影响。

①场前区：又可以细分为员工生活区（包括宿舍和食堂）和办公区，是担负鹅场经营管理和对外联系的场区，一般设在与外界联系方便的鹅场大门附近。鹅场大门处应设车辆消毒池，阻断场外车辆和人员进出对场内可能造成的疾病传播。消毒池上方需要加盖防雨顶，以免雨水稀释冲走池内消毒液。在办公区还需专门安排建造消毒、洗澡更衣室，以供员工和外来业务人员进出鹅场生产区时消毒更衣，防止病原传入鹅场生产区。

②生产区：是鹅场的核心区域，按生产任务又可细分为鹅舍区、饲料仓库区和贮蛋孵化区。除大型鹅场能够在场外独立安排

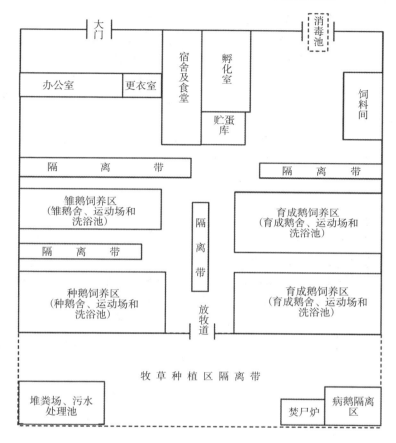

图 3-1 鹅场内部各功能区布局平面示意图

造贮蛋孵化区外，一般生产规模较小的鹅场贮蛋孵化区都安排在鹅场出口处，以远离鹅舍及可能造成的病原污染，同时也方便鹅雏销售并减少车辆进出对鹅场内部的影响。饲料仓库区则规划接近鹅舍，以方便饲料调制后迅速运输至各鹅舍饲喂。

大型鹅场可以根据所要饲养鹅的日龄和生产目的，将鹅舍区分为育雏鹅舍、育成鹅舍和种鹅生产舍，或者划分为不同的分场。分场之间有一定的防疫距离，还可用树林形成隔离带。

为保证防疫安全，鹅舍的布局根据主风方向与地势，应当按下列顺序配置：育雏舍、中雏舍、后备鹅舍、成年鹅舍，即育雏舍在上风向、成年鹅舍在下风向。育雏舍与成年鹅舍应有一定距离，最好另设分场专养雏鹅，这样能使雏鹅生活于新鲜无污染的空气环境中，避免来自成年鹅舍的污浊空气及病原的危害，提高其健康水平，促进其生长发育。

育雏舍与育成鹅舍的间距、育成鹅舍与种鹅舍的间距，都需要大于同类群鹅舍间距离，不同类群鹅舍间需设沟、渠、墙或绿化带等隔离障，以阻断疫病在免疫程序不同的各类鹅群之间的传播。

③隔离区：是鹅场病鹅、粪便、污水等污物集中之处，是卫生防疫和环境保护工作的重点，该区应设在全场的下风向和地势最低处，且与其他两区的间距不小于 50 米；而处理病死鹅的尸坑或焚尸炉等设施，则应距鹅舍 300～500 米。

贮粪场的设置应考虑鹅粪便既便于由鹅舍运出，又便于运到田间施用。污水处理池则通过地下管网与各鹅舍排水管相连，熟化处理后的废水则通过管道排放至农田施用。病鹅隔离舍应尽可能与外界隔绝，且其四周应有天然的或人工的隔离屏障（如界沟、围墙、栅栏或浓密的乔灌木混合林等），设单独的通路与出入口。

14 种鹅场需要建造哪些类型的鹅舍？

功能完备的种鹅场，根据其生产规模，应具备育雏舍、育成舍和种鹅舍。鹅舍的建造要遵循为鹅提供良好的生活环境条件和良好的福利水平这一原则，要求冬暖夏凉、空旷明亮、空气流通、干燥防潮、经济耐用。此外，还需要在鹅舍中提供适当的设施设备，以开展日常生产工作，满足生产要求。

在一些规模较小的鹅场，由于土地资源的制约，往往会将一部分工作转移至场外或其他鹅场开展，而仅建造种鹅舍并集中于种鹅的生产经营。如许多种鹅场都免去育雏舍和育成舍的建造，将育雏和后备鹅的育成工作转移至合作养殖户处开展。在目前高速公路交通非常便利且农产品运输可走绿色通道的优势下，一些发达地区的种鹅场将育雏和育成工作外包给其他甚至千里之外成本更低、土地资源更丰富、养殖环境更优良的地区，以培育更为健康、生产性能更好的优质种鹅。

15 怎样建造育雏舍？

雏鹅绒毛稀少，体质娇嫩，调节体温能力差，特别是在冬春季气温较低时需要保温 14～28 天。对于雏鹅舍最基本的要求是提供温暖的环境条件，同时还需要保持干燥和空气流通，但又无贼风。

育雏舍的建造标准以每栋容纳 500～1 000 只雏鹅为宜。房舍檐高 2～2.5 米，内设天花板以增加保温性能。窗与地面面积之比一般为 1∶(10～15)，南窗离地面 60～70 厘米，设置气窗，便于空气调节；北窗面积为南窗的 1/3～1/2，离地面 1 米左右，所有窗与下水道通外的口都要装上铁丝网，以防兽害。

育雏舍地面以水泥地面或砖铺为好，以便于清粪和消毒，并向一边或侧边略有倾斜，以利排水和消毒清洗。舍内建造育雏用高床，采用砖石水泥构件的结构床架，上铺塑料网，或者采用新型的可拆卸、高度可调节的塑料构件漏缝地板制作网床。网床离地面高度应为 80～100 厘米，以使雏鹅远离地面积粪及其散发的不良气体、有害菌和毒素等。育雏网床可以分隔为若干小间或栏圈，每间面积 1.5～2 米^2。网床上放鹅密度为：1 周龄饲养密度为 20 只/米^2，2 周龄饲养密度为 15 只/米^2，3 周龄饲养密度为 10 只/米^2，4 周龄时饲养密度为 7～8 只/米^2。在雏鹅幼小且天气寒冷时，可在每栏网床 1/4 面积上铺设麻袋用以保暖，而杯式饮水器或饮水槽则应放置于麻袋区域之外。

育雏舍非常重要的工作是供暖保温，可以通过在舍内安装供暖设备实现。成本最低的供暖设施是在育雏舍中使用煤炉，或者采用地下烟道的供暖方式。目前常用的有红外电热灯，需要放置在网床及麻袋上方（图 3-2）。为防止煤炉产生的煤气中毒问题，可采用燃煤暖风炉并向育雏舍内输送热空气加热为好。市场上有自动控制的热风炉供应。通过设定所需控制的温度参数，以及测定舍内温度的电子探头，可以较为方便地实现舍内温度的控制。当实测的舍内温度低于所设定参数时，自动控制开关启动暖风炉工作，促进炉内煤燃烧，并同时启动鼓风机将加热的热空气通过送风带送进舍内。当舍内温度达到或高于设定温度参数时，自动控制开关将断开，使暖风炉停止工作。目前最为先进的供暖方式是在舍内安装燃气发热器，配以自动控制系统，可以获得最佳的供暖效率和安全性。

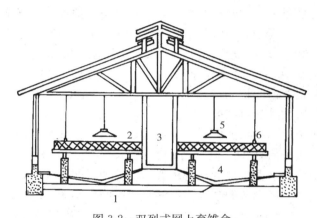

图 3-2 双列式网上育雏舍

1. 排水沟 2. 铁丝网 3. 门 4. 积粪沟 5. 保温灯 6. 饮水器

育雏舍还需要在墙上安装小功率排气风机，或者在屋顶安装风口能够开关的旋转排气风帽，或者通过建造钟楼式屋脊并妥善控制其开口，在保持舍内温度稳定的同时将氨气和湿气等排至舍外，以降低氨气对雏鹅呼吸道组织的腐蚀损伤及疫病的发生概率，也通过降低舍内空气湿度来减少啄羽、啄肛等攻击性行为，提高雏鹅福利和健康水平。

育雏舍南向可设运动场和水浴池，以供晴天暖和时将雏鹅放至运动场和水浴池活动。运动场也是晴天无风时的喂料场，略向水面处倾斜，便于排水，喂料场与水面连接的斜坡长 3.5～5 米。运动场宽度为 3～6 米，长度与鹅舍长度等齐。运动场外接水浴池，池深以 30～40 厘米为宜，根据雏鹅大小控制其内水深度，使雏鹅能在池内顺利活动休息。池边缘隆起地面10～15厘米、宽25～30厘米，以防水溢出运动场造成潮湿。边缘外建造宽20厘米、深15厘米的排水沟，上盖塑料漏缝地板，以排出溢水。

16 怎样建造育成鹅舍？

育成鹅生活力较强，对温度的要求不如雏鹅严格，既抗寒又耐热，所以育成鹅舍建筑结构较为简单，基本要求是能遮挡风雨、夏季通风、冬季保温、室内干燥。目前也越来越流行用高床架养育成鹅。鹅舍和网床建造方式与上述高床养殖育雏舍的类似，但更需要注意舍内通风。

南方的育成鹅舍一般设计为坐北朝南的敞篷单坡式，前檐高2.5～2.8米，后檐高1.5～2.0米，进深6～8米，长度根据所养鹅群大小而定。为了方便清理高床下粪便，可以采用可拆卸式塑料漏缝地板组装成高床，并控制高床离地高度在0.8～1米。高床也可用围栏隔成小栏，每栏20～30米^2，可容育成鹅30～40只。高床至舍外运动场由斜坡连接，方便鹅上下高床，斜坡宽3～4米、坡度25°～30°。

在舍内高床上靠近墙壁两侧，分别安装料槽和饮水槽。料槽可以是人工喂料方式的盆式料槽，也可以是自动喂料管道配套的自动料槽。饮水槽可用直径15厘米的PVC管，于一侧剖开漏空朝上而两端封闭，横卧置于运动场一侧边缘作为饮水槽使用。饮水槽可用高0.5米、间距为5～6厘米的木质栅栏围住，使鹅饮水时不致将水洒出造成舍内潮湿。饮水槽区域下则可以加装塑料斜板，将溢水引至同样开口向上的横管而排出舍外。还有一种做法是在舍内设置饮水岛，将整个饮水区域用塑料漏缝地板架高0.5米左右，周围用栅栏围住，鹅通过斜坡上下饮水岛饮水。饮水岛内安装乳头式或横管饮水器，漏缝地板下方为下凹的溢水收集区，通过墙基的小孔向外排出溢水。

北方育成鹅舍在冬季还需要考虑保暖，可以采用保温性能高的夹心泡沫或岩棉板材料建造鹅舍，以防止冬季冷风吹袭散热。

同时朝南侧外墙则建造较大的开窗，以便白天打开通风换气，同时利用阳光暖化鹅舍，降低湿度。舍内同样架设高床漏缝地板，视鹅舍跨度可设为单列或双列式，后者较容易清理床下积粪。舍内料槽和饮水槽及其下的溢水导流管等，均按上述描述的同样设计建造。

在舍外建立运动场，饲养密度为每平方米2～3只鹅。运动场一般用水泥铺地面，以利于清粪、清洗和消毒，并在其上安置料槽和饮水槽。料槽可以为人工喂料方式的盆式料槽，也可以是自动喂料管道配套的自动料槽。饮水槽放置区域下方亦需挖低成40厘米宽的沟，在其上覆盖塑料漏缝地板，以排出溢水。

以"林下养鹅"方式养殖育成鹅，也可以将舍外运动场与树林相结合。此种方式主要利用林下充足的活动空间，以满足鹅对活动范围的需求。然而，必须避免林地上设立饮水区域时造成过度的泥泞问题，以避免有害病原微生物的滋生及造成鹅发病死亡。

17 怎样建造种鹅舍？

（1）总体结构

种鹅舍选在靠近水源的坡地上为最佳（图3-3），从高到低建造鹅舍、运动场和水面活动区，三者面积比例为1∶（1.5～2）∶（2～3）。南方短日照繁殖鹅种的种鹅舍，由于进行反季节繁殖，其在舍内蔽光时间较短，相对在舍内密度可以维持较高达到每平方米4只鹅。因此，养殖1 200只种鹅的鹅舍，其鹅舍建造面积应为300～350米²，运动场面积为450～600米²，水面面积应达600～800米²。

江苏、浙江水网地区为了防止对公共水体的污染，禁止在水面养殖水禽，使得鹅无法利用广阔水面散热防暑。上述地区夏季极其炎热，为避免日晒导致的热应激，可以将鹅长时间关闭于负压通风湿帘降温舍内，舍内载鹅密度必须降低至每平方米2只鹅。一个1 200～1 500只种鹅的群体，需要600～750米²的鹅舍面积。同时，按鹅舍面积1.2～1.5倍比例建造舍外运动场。

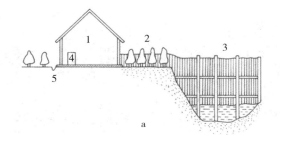

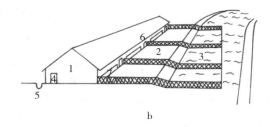

图 3-3 种鹅舍外景和侧面示意图

a. 鹅舍侧面 b. 鹅舍外景

1. 鹅舍 2. 陆上运动场 3. 水上运动场或人工水池 4. 通道的门

5. 排水沟 6. 通往陆上运动场的门 7. 窗或卷帘通风口

种鹅舍、运动场和水面一般都由围栏围住。一般陆地部分用竹木栅栏、铁丝网或用砖砌围墙等围住,水面部分则采用镀塑铁丝网、尼龙网或竹木栅栏等围住。围栏的应用能有效隔离种鹅群,以方便管理不致串群,同时防止外界家禽、野兽随便进入,提高生物安全性、防止兽害等。

为了尽可能为鹅提供一个良好的水体环境,降低其中有害肠道杆菌和细菌内毒素浓度,应最大限度扩大水面运动场面积。为了避免水上活动时种鹅潜水挖掘塘底污泥及受其中细菌毒素之害,水塘水深至少为 1.5 米,水上围栏离塘基需要有 2～3 米的距离。

(2)种鹅舍建造和功能设施 种鹅舍建筑视地区气候而定,一般也有简易开放鹅舍和环控封闭鹅舍之分(图 3-4)。

a　　　　　　　　　　　　　　　　b

图 3-4　种鹅舍建筑

a. 北方现代化轻钢结构种鹅舍　b. 长江流域及以南的半敞开简易鹅舍

①简易鹅舍：简易鹅舍适用于小农户的种鹅自然繁殖生产，鹅群体往往较小，仅 800～1 000 只。鹅舍常为仅具屋顶的简单敞开棚舍，100～200 米² 的棚内地面铺上稻草以供鹅做窝产蛋用，在冬季则用塑料篷布围住挡风避雨。棚外以砖头铺就或水泥浇制的运动场上放置足够的食槽。为满足鹅饮水、配种和梳洗活动之用，需另打一深井供应清洁水源，向一个 4 米×5 米、水深 0.5 米的水泥池供水。每天或视清洁程度更换池中废水，废水则排出至庄稼地被作物利用。

②环控鹅舍：规模化种鹅生产都需要采用光照调节种鹅繁殖活动，提高产蛋性能和种蛋受精率，同时降低夏季反季节繁殖生产时发生的热应激，维持种鹅的健康和生产性能，因此必须建造环控鹅舍，以控制舍内光照、空气质量和温湿度等环境。

南方广东等地区由于全年大部分时间气温较高，种鹅在舍内时间较少，仅在接受光照处理时才短时间关入舍内，在夏季反季节繁殖时仅在早晨气温较低时被关进鹅舍避免阳光。因此，广东省种鹅舍的建造设计，以每平方米容纳 2.5～4 只种鹅的密度为准则。在鹅舍采用自然通风时，需要将鹅舍建得高大空旷，屋脊高达 4.5～5 米并且建成钟楼式，以利于舍内热空气和湿气向舍外排出（图 3-5）。在周边墙基下方则建造简易的进风口，可以挨墙基用砖砌高 20 厘米、宽 40 厘米的进风口，其上覆盖水泥板以阻断舍外光线进入舍内，但能使空气自由进入舍内。进风口可以沿墙基四周全部布满，以使鹅舍形成最好的通风换气效果。此外，将鹅舍外墙在通风口以上至1.5~2米处设为空窗并以卷帘覆盖（图3-6），对鹅进行缩短光照处理时，可以将卷帘放下以阻止阳光进入干扰，而在夜间无阳光时，则将卷帘开启使舍内外联通一体，从而实现良好的通风换气，为鹅只提供良好的生活环境，保持鹅舍干燥卫生。

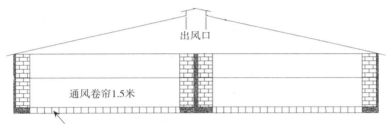

图 3-5　钟楼式自然通风种鹅舍建造示意图

图 3-6　砖瓦结构机械通风的种鹅舍（箭头所示为通风口）
a. 外部　b. 内部

机械通风鹅舍的通风效果更好，因此载鹅密度可以提高至每平方米 4 只左右。由于鹅对于大肠杆菌较为敏感，因此需建造长度较短的鹅舍，以避免机械通风时下风头空气中高浓度的细菌病原对鹅的危害，或者也可以通过双向通风来进一步降低下风头空气中的细菌和病原浓度。一种典型的容纳 1 000 只种鹅的双向通风鹅舍，以檐高 2.5 米、屋脊高达 4 米、长 25 米、宽 10 米进行设计建造，并在长墙及其墙基上分别设置空窗及进风口，在两山墙上方离地 3 米处各安装2台排风扇（图3-6），即可进行良好的通风换气并为关入舍内的鹅提供良好的生活环境。

长江流域及以北地区，如江苏等地更多地建造纵向负压通风结合湿帘降温的种鹅舍，以更好地降低舍内温度，避免反季节繁殖种鹅在夏季炎热季节时发生热应激。在此种鹅舍的设计上，檐高3.5米、屋脊高达5米、山墙宽14米、南北长墙长40～50米；在一侧山墙安装4～5台56英寸*大风机，而在对侧山墙安装湿帘（图3-7）。同时南北长墙下方则做成空窗并在其上安装卷帘，以使在需要控制光照时覆盖空窗阻断外界光照干扰（图3-6）。卷帘以高强度黑色塑料膜制成，由人工或电动控制的摇膜机控制其升降，从而控制舍内光照。

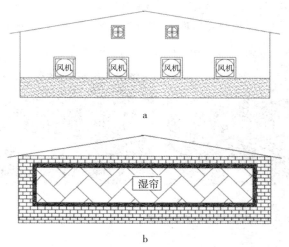

图3-7 纵向负压通风结合湿帘降温种鹅舍结构
a. 左侧 b. 右侧

③舍内设施布局：目前种鹅舍都采用地面平养的方式，舍内和舍外运动场都采用水泥铺地，以使地面平整，易清粪便、清洗和消

---

* 英寸为非法定计量单位，1英寸=2.54厘米。——编者注

毒。在鹅舍内和运动场都设置饮水槽,料槽则置于鹅舍内,以避免阳光暴晒和雨水浸泡。运动场上可以额外设置饮水槽,做法布局同以上育成鹅舍。北方地区全封闭的种鹅舍内,为了降低鹅饮水导致的舍内潮湿问题,都在舍内设置相对隔离的饮水岛。将整个饮水区域用塑料漏缝地板架高 0.5 米左右,周围用栅栏围住,鹅通过斜坡上下饮水岛饮水。饮水岛内安装乳头式或横管饮水器,漏缝地板下方为下凹的溢水收集区,通过墙基的小孔向外排出溢水。更为高档的种鹅舍则采用漏缝地板和机械清粪,可使舍内环境和空气更为清洁,减少空气中的病原和对种鹅健康、生产性能的不良影响。

种鹅舍内需设置产蛋栏,一般于墙角或舍内中央用栅栏围出 10~15 米² 区域,内铺少许稻草或谷壳,鹅即可在此做窝产蛋。对于养殖具有就巢习性的种鹅,尚需设置醒抱栏,也就是用栅栏围出 8~10 米² 小区域,其内不能有稻草谷壳。醒抱区最好通过墙上和运动场的专门通道与活动水面的醒抱区相通(图 3-8),以使醒抱鹅能够与大群鹅一起按时进出鹅舍活动,接受同样的光照处理。就巢鹅在经受此种禁闭处理后,会在 7~10 天停止就巢行为,此时可再次放回大群以促进其恢复产蛋。

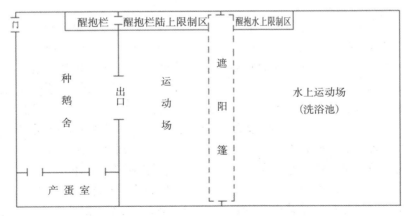

图 3-8 种鹅舍醒抱区建造布局平面图

近年肉鹅和种鹅生产的新趋势是开展全年均衡生产,主要是通过调控种鹅的繁殖季节实现。采用人工光照程序，使种鹅在要求的季节繁殖产蛋并正常孵化生产雏鹅。需要在舍内安装灯具以提供人工长光照，如为了顺利调整广东马冈鹅的繁殖季节，需要进行人工长光照处理，并使鹅眼睛部位的光照度达到 80 勒克斯以上，这要求在 300 米² 的鹅舍内安装 35～40 只 40 瓦的日光灯或节能灯，或者采用更为节能的 LED 灯。应将灯具安装在高 1.8～2 米处，以不妨碍舍内工作为宜（图 3-9）。

a   b

图 3-9　安装在光控鹅舍内部的灯
a. 日光灯　b. 节能灯
鹅舍内也可以放置普拉松杯式饮水器

④运动场设施布局：陆上运动场是鹅休息和运动的场所，面积一般应为舍内面积的 1.5～2 倍。运动场地面用水泥浇铸铺成，并尽量做成平整、稍有坡度的斜面，以利排水。为防止夏季水泥地面温度过高，运动场应搭建凉栅，或架设遮阳网，栽种葡萄、丝瓜等藤蔓植物形成遮阳栅（图 3-10）。陆上运动场与水上运动场的连接部，用砖和水泥制成一个小坡度的斜面，水泥地要有防滑面，并延伸到水上运动场的水下 20 厘米。运动场周围需要用栅栏围住，其与水上运动场之间，最好也安装栅栏，以利于定时控制鹅群上下水面。

水上运动场可供鹅洗浴和配种用，如利用养鱼塘作为水上运动场，则其面积应是陆上运动场的 1.5～2 倍，水深一般为 1.0～1.5米。在与陆上运动场连接处，要用水泥或石头砌好，使鹅能够顺利进出水面（图 3-11）。

图 3-10 带有遮阳栅的陆上运动场

图 3-11 尽量利用水面面积的鹅场水上运动场

　　江苏、浙江地区采用的人工浴池，一般长 5～6 米，宽 4～5 米，深 0.4～0.5 米，用水泥和砖石砌成。人工浴池需要频繁更换清洁用水，其排水口要有一沉淀井（图 3-12），排水时可将羽毛、泥沙、粪便等沉淀下来，避免堵塞排水道。

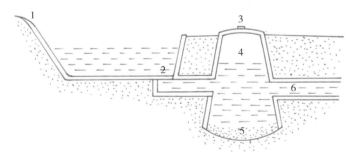

图 3-12 水上运动场排水系统示意图

1. 池壁 2. 排水口 3. 井盖 4. 沉淀井 5. 沉淀物 6. 下水道

在整个鹅场的生产区，需用围栏将各栋鹅舍及其所属的陆上运动场和水上运动场围成一体，通过鹅舍的分间将鹅群分群饲养，水上运动场的围栏应保持高出水面50～100厘米。育种鹅舍的水围应深入到底部，以免混群。

18 孵化场应该如何建设？其内孵化设施有哪些？怎样建造配置？

种鹅所产种蛋只有经过孵化阶段最后孵出雏鹅，才算是成功完成了种鹅生产全部工作。因此，种蛋孵化工作在种鹅生产中具有举足轻重的地位，特别是在种鹅反季节繁殖生产中，是决定生产成功与否的关键因素，孵化成绩还会对反季节繁殖的生产性能和经济效益造成一定强度的影响。因此必须特别重视种蛋的孵化，同时要根据生产规模、生产水平和经济能力，考虑如何建造孵化场所和选择合适的孵化设施设备。

（1）母鹅就巢孵化设施　许多偏僻地区的小规模副业养鹅操作，由于所需要孵化的种蛋数量较少，不需要专门购买孵化设施，可以自行采用种鹅孵化种蛋，结合后期自制的摊床孵化。利用种鹅孵化时，一般都用一个直径50厘米左右的筐，其内垫以稻草做成窝，窝内放上10～15枚鹅蛋，然后将一只就巢孵化鹅放置于其上孵化种蛋。在一些养殖几百只种鹅的小型生产中，往往制作一个高2米的多层木架，层间距50厘米。一个架子上下各层能够容纳几十个就巢孵化的孵蛋筐。

（2）摊床孵化　农户自行制作的摊床，也是很多种鹅生产中备用的孵化设施。母鹅就巢孵化中期以后，或者利用自动孵化机孵化至15～23天（夏季早冬季迟）以后，在鹅胚蛋可以利用自身代谢产生的热量促进孵化之时，可以将胚蛋置于摊床之上自行孵化，也可减轻孵蛋母鹅工作量。为了方便摊床上人员操作，一般将摊床设置为高0.80～1.0米、宽1.5～2米，其长度视孵化房内空间适当调整。摊床上下层都要铺覆棉被等保温材料，以保持种蛋温度。

（3）现代化孵化设施　对于现代化规模化的种鹅场，大量种蛋无法由手工和种鹅代孵，必须采用全自动孵化机孵化。需要建造专门的孵化房，以放置全自动孵化机。需要选择尽量远离种鹅舍的场地建造孵化房，规模大、有条件的鹅场一般另行选址建造孵化厂。孵化厂或孵化房周围应保证环境安静，冬暖夏凉，空气流通，室内光线适中。孵化房应具备高3.5米，长 20～25 米，宽 10 米的空间。舍内地面应用水泥浇平，并向中央稍有坡度下降，在中央设一纵向穿过的地沟，上盖漏缝地板，以利在凉蛋时排出多余溢水。

要根据种鹅养殖规模和产蛋数量购置孵化机。存栏 2 000～5 000 只规模的种鹅场，需要配置 3～5 台孵蛋数量 7 000～8 000 枚的大型箱体式孵化机，另配 1 台出雏机。存栏超过万只的种鹅场，特别是饲养产蛋性能较高的种鹅时，则需配置至少 10 台全自动孵化机，另配置出雏机 2～3 台。孵化机分 2 列放置于孵化厅内，并使中间过道的距离在 3 米以上，以利于各种孵化工作的开展。

出雏厅则安排在一个相邻的房间内，其中放置 2～3 台出雏机。

孵化场的另一个重要设施是贮蛋库。由于鹅种蛋需要贮存 3～5 天方能达到最佳孵化率，因此需要在孵化厅旁边专门建一贮蛋库。通常贮蛋库面积应具备 25～30 米²、高 3.5 米的空间，以方便在其内进行人工分拣种蛋和其他操作。贮蛋库四周墙壁封闭无窗，采用 2 台空调为其降温至 17～20℃，以维持较低温度，抑制胚胎发育，从而使胚胎在正式孵化时能够正常、同步发育。

19 建造孵化场时需要注意哪些问题？

（1）孵化场的选址　孵化场可以建在种鹅场内，也可以在场外独立建造。首先是要求交通便利，水电方便。建在种鹅场内的要符合整个养殖的规划，建在地势高、不易受潮的位置，既方便鹅雏出场，又能满足有效防止外来污染的防疫要求。在场外独立建造的，要符合相关公共卫生防疫的法律法规要求，同时也要满足生物安全要求，既做到不扰民同时也不受外界影响，尤其是一些有潜在疫病风险的场所，如屠宰场、畜禽农贸市场和集散地、其他家禽养殖场等。

（2）水电供应　必须保证有足够的水电供应，尤其是电力供应，一般需要自备发电机以防孵化过程中意外断电造成的损失。

（3）功能设施的合理规划　一般孵化场分为孵化区、销售区、生活区，设计时要根据地势和风向合理布局，防止外来污染和场内废弃物的影响。建造在场内的孵化房只需建造孵化房和销售区，在符合整个养殖场规划设计的基础上，要将销售区设计在养殖场的最外侧，以免外来污染影响。在孵化区的平面布局上，按照孵化房中更衣室、淋浴间、蛋库、熏蒸间、值班室、配电室、孵化室、出雏室、冲洗室、存发雏室等功能，依据孵化程序流程合理布局，尤其要根据孵化设备的类型和数量来合理布局，保证足够的孵化空间。

（4）孵化厅的通风设计　通风设计的合理与否对于孵化率的好坏有显著影响。无论是孵化室还是出雏室，其废气必须排出孵化厅外，同时必须有外界的新鲜空气进入厅内加以补充。要特别注意由孵化室和出雏室排出的废气不能被重新吸入孵化室内，尤其是由出雏室排出的废气更不得再被吸入到孵化室内。

如果机器数量比较多，孵化机排出的废气可以排至天花板上，由风机集中排出。出雏机的废气必须由排气管道直接排出室外，不得排到天花板上；如果机器数量较少，孵化机出来的废气就可以由排风管道直接排出。

在设计孵化厅通风系统时，外界的新鲜空气进入可以通过风机抽入，部分空气也可由地窗进入。在夏季炎热地区需要在孵化室一侧墙上安装降温湿帘，并在对侧墙上安装排风风机，通过负压通风湿帘降温方式降低孵化室空气温度并确保室内空气新鲜。

20 现代化种鹅场需要哪些配套生产设施？怎样规划建造？

一个现代化的种鹅生产场，除了考虑种鹅生产外，还需要提供工作人员生活场所及设施，以及提供饲料存放场所甚至饲料生产设施等。此外，为了提高鹅场工作效率和可持续发展能力，提高鹅场生物安全性、工作人员和种鹅的福利条件，需要对种鹅生产过程中产生的粪便废水进行良好的处理。因此，需要建造粪便处理场所如堆粪场、沼气池和废水处理的沉淀池等设施。

（1）场部和员工宿舍　一个技术水平高的现代化种鹅场，需要聘用专业化经营管理人员，不断学习研发新技术并严格按照要求规程操作，按照市场需求生产和供应优质鹅雏产品，同时不断拓展产品销售市场，以扩大种鹅场的市场影响，从而不断拉动和促进鹅场的生产工作，提高其经营利润回报和可持续发展能力。为满足现代经营管理人员的工作和生活需要，现代化种鹅场或生产企业必须提供良好的人员生活和工作条件环境。

一个饲养上万只种鹅规模的现代化种鹅场，其场部应安排在鹅场的出入口处，需要建设有 100 米^2 的停车场，鹅场入口处建造 5 米×3 米的消毒池，各种车辆进出场区均需经过消毒池消毒处理。

场部建筑至少要包括办公室和销售业务洽谈室各一间（20 米^2），其内配置电话、网络服务器、电脑和打印机，以制作各种生产报表、销售合同、销售记录等文件，以及上网查询各种新技术、新产品研发应用和产品销售信息，与同行保持联系等。

场部的其他配套设施还包括厨房、食堂和员工宿舍等。

（2）饲料仓库和加工机械　一般将饲料仓库建在鹅场入口处的场部附近，以杜绝外来送料车辆进入生产区对鹅群造成生物安全问题。鹅场饲料仓库一般建得非常高大宽敞，檐高 5 米，屋脊 6～7 米，长度 30 米，跨度 15 米。其出入门高 3～4 米，宽 3 米，以使满载卡车能够方便进出饲料仓库卸下饲料。

较大型的鹅场往往自行加工饲料，为此需要在饲料仓库内或附近设置简易饲料加工设备，如简单粉碎机、混合机、传送带和提升机等。另外，需要提供一定数量的输送饲料的手推车，以便将配合好的饲料送到各间鹅舍。

（3）堆粪场　堆粪场应该建在种鹅场隔离区之外。一个存栏上万只种鹅的养鹅场，至少需要建造约 200 米^2 的堆粪处理场。堆粪场四周建造 2 米高的围墙，在围墙上方建造高 3～4 米的钢架屋顶，以防止雨水冲淋粪便堆，同时可以降低堆粪过程中的粉尘和臭气散发，改善鹅场局部空气环境，减少对鹅的不良影响。

堆粪场地面以水泥混凝土铺设，并向一侧以较小坡度倾斜，以使堆粪过程中的水分析出流至污水收集池。堆粪场需要使用翻抛机每周翻抛堆肥1~2次，使空气渗透进入粪便堆内部，促进好氧菌的发酵、粪肥的熟化和其内水分的蒸发。一般的种鹅养殖场，其粪便经过2~3周的堆肥处理，即可作为熟化的农家肥在农田施用。

（4）死鹅处理设施 在较长的种鹅饲养期间，除了发生意外，各种其他原因导致的死亡也在所难免。死亡鹅需要及时进行无害化处理，以免成为病原、蝇蛆和臭气滋生散发之源。一般在鹅场隔离围栏或隔离树林之外设置死鹅处理设施。种鹅规模2 000只以下的小型鹅场，可以在场外空地深埋处理死鹅。饲养1万只以上种鹅的大型鹅场，则需要建造焚烧炉处理死鹅。简易的焚烧炉可以由砖石混凝土砌成边长2米的正方形、高或深1米的炉台，炉台中间凹坑直径0.5米深即可。使用废木树枝或鹅场垃圾等与死鹅混合焚烧完毕即可。

死鹅堆肥分解处理仓是一种较新颖的死鹅处理设施。用木板做两排2米边长的堆肥小仓，仓底混凝土地基上铺上半尺厚的木糠等垫料层，然后单层相互挨着平铺死鹅胴体层叠堆放，然后再加16~17厘米厚的木糠碳源垫料层。垫料（碳来源）与死鹅（氮来源）的碳氮比控制在（25~40）：1，以使发酵能够良好进行。在每层死鹅上洒上适量水，以确保水分含量为40%~60%。将垫料与死鹅层叠堆到1.2米高，其中死鹅可在1个月左右时间中分两阶段发酵分解：第一阶段在初次堆肥仓内完成，温度在5天内迅速升到60℃并维持20天左右，当温度下降至50℃时结束。然后将肥堆转移到二次堆肥仓内进行二次发酵，此阶段是需氧的堆肥发酵过程，可以使剩余骨头等物料继续降解，直到最终变成深棕色的腐殖质。第二阶段结束的标志是肥堆内部温度为25~30℃而且没有异味。经过两次堆肥发酵处理，死鹅最终被分解为与木糠等混合的粉末残渣腐殖质，可以作为有机肥料直接应用至农田。

（5）沼气和水处理配套设施　种鹅因为需要水体进行降温、交配和梳洗等活动，产生的废水较多，需要在运动场水池下通过沉淀井和排污管等排水系统，引至污水池或沼气池进行发酵处理。可以采用一半建于地下、一半位于地面上的低成本覆膜沼气池处理鹅场污水。一个上万只种鹅的种鹅场，可以建造 2 000～2 500 米^3 的覆膜沼气池，用于消化分解全部鹅场粪便。处理完成的沼液，可以再通过管道、泵送至农田灌溉肥田。如果将沼液再由另外 3～4 个 100 米^3 的氧化池处理，通过硝化反硝化反应过程排出其中氮素，以及一个 500 米^2 的人工湿地吸收其中未排出的氮素，即可以使出水达到环保排放标准。在一些地区种鹅场建设在莲藕、茭白、慈姑等水生作物田地旁边，可以直接将沼液施用在这些水田之中，供植物吸收利用。

21 鹅场生产工作所需的其他设施设备还有哪些？

传统的鹅场生产如饲喂、清粪、运输等都采用人工操作，对劳动力需求较多，在目前劳动力成本不断上升时期易制约鹅场赢利能力。现代化的鹅场经营必须考虑降低人工费用支出，需要采用各种机械设备提高工作效率。

为减轻饲养员的工作强度，在 1 000～1 500 只种鹅养殖规模的种鹅舍，可以架设自动饲喂料线进行自动喂料。

种鹅由于采食量大，其粪便排泄量也较大，种鹅舍内地面的粪便会以较快速度积累，并可能造成粪便中病原污染。为了保持鹅舍清洁卫生，同时节省人工，提高清粪便效率，大型种鹅场可采用滑移推粪机清粪。

鹅舍中可铺设离地 80 厘米高的塑料或竹制漏缝地板进行高床架养，使鹅避免接触污染粪便及其中的有害病原等，这种方法在梅雨和秋雨季节减少鹅染病特别有效。在冬春季干燥季节时，高床架养还可使落于网架下的粪便快速变干，不仅减少氨气产生，还可实现半年清粪一次，大幅降低工作量。

其他配套的设备还包括运输车辆、清粪机、清洗用高压泵和喷枪等。饲养规模在3 000只种鹅的小型鹅场，需要手扶拖拉机挂车1辆、手推小斗车1～3架，用于饲料运输、饲喂和鹅粪便运输；小型饲料搅拌机1台。养殖规模在5 000～8 000只种鹅的鹅场，则需要农用卡车1辆，滑移清粪机1台，饲喂和送蛋用电瓶车3辆，小型饲料搅拌机1台。养殖规模超过1万只种鹅的鹅场，则需要农用卡车1～2辆，滑移清粪机1台，铲车1辆，饲喂和送蛋用电瓶车3～5辆，小型饲料搅拌机1台。在种鹅淘汰出栏之后，为了对鹅舍进行清洗消毒，还需要在鹅场配备清洗用高压泵和喷枪，以去除舍内污垢及可能的病原。

第四章　鹅的营养和饲料

22 种鹅的营养需要量是多少？

产蛋种鹅采食量大、消化能力强、代谢旺盛、易沉积脂肪变肥，同时产蛋合成蛋壳而消耗大量钙。只有提供充足的各种营养物质，才能维持产蛋母鹅的正常生理需要。产蛋母鹅营养需要分为维持需要和生产需要。产蛋母鹅采食的各种营养物质首先应满足维持需要，其次才用于生产。因此，充足的营养供给量是维持产蛋母鹅正常高产的基础。产蛋母鹅的营养需要量见表4-1。建议产蛋母鹅日粮营养水平为：代谢能 $10.88\sim11.51$ 兆焦/千克，粗蛋白质 $15\%\sim16\%$，粗纤维 $8\%\sim10\%$，赖氨酸 0.8%，蛋氨酸 0.35%，胱氨酸 0.27%，钙 $2.2\%\sim2.5\%$，磷 0.65%，食盐 0.5%。

苏联有学者认为，育种期内的种鹅，每100克配合饲料中应含代谢能 $1.05\sim1.09$ 兆焦，粗蛋白质 $14\%\sim15\%$，粗纤维不能高于 10%，钙 1.6%，磷 0.8%，钠 0.4%。匈牙利种鹅的全价配合饲料含干物质 8.8%，钙 2.2%，磷 0.65%，食盐 0.5%。

表 4-1　种鹅各阶段营养参考标准

营养成分	0～4 周龄	4～6 周龄	6～10 周龄	后备鹅	种鹅
代谢能（兆焦/千克）	11	11.7	11.72	10.88	10.45
粗蛋白质（%）	20	17	16	15	16～17
钙（%）	1.2	0.8	0.76	1.65	2.6
非植酸磷（%）	0.6	0.45	0.4	0.45	0.6

（续）

营养成分	0~4周龄	4~6周龄	6~10周龄	后备鹅	种鹅
蛋氨酸（%）	0.75	0.6	0.55	0.55	0.6
赖氨酸（%）	1	0.7	0.6	0.6	0.8
食盐（%）	0.25	0.25	0.25	0.25	0.25

23 种鹅对能量和蛋白质的需要量是多少？

饲料能量水平是影响种鹅健康和生产性能的重要因素，只有提供适宜能量水平，其他各种营养成分，如蛋白质、维生素和矿物质等才能发挥其生理作用。饲料能量过低会影响种鹅正常繁殖性能的发挥，过高则造成浪费及脂肪沉积，影响鹅的种用价值。能量过低往往与粗纤维水平过高是密切联系的，粗纤维水平不仅直接影响饲料能值，同时通过影响养分消化率间接影响能量和蛋白质的需要量。蛋白质是构成鹅各种组织器官、酶、激素等的原料之一。蛋白质关系到整个新陈代谢的正常进行，是维持鹅生命和进行生产所必需的营养物质，是生命的物质基础和生命承载的物质体现，与能量有着同样重要的作用。蛋白质食入量与日粮能量水平密切相关，合适的蛋能比对种鹅主要营养均衡供给十分重要，它是节约蛋白质、降低饲料成本的重要影响因素。

为母鹅提供适宜的营养，是提高母鹅产蛋量的一项主要措施。母鹅在不同的生长期对日粮营养水平的要求不同，特别是蛋白质水平。表4-2列出了母鹅饲粮蛋白质适宜水平及蛋能比。

表4-2 种鹅能量和蛋白质需要量及其合适比例

试验鹅品种	试验鹅性别	试验阶段	判定指标	试验结果		资料来源
				蛋白质水平（%）	蛋能比（克/兆焦）	
兴国灰鹅	母	种鹅	繁殖性能	14.11	11.87	谢明贵（2006）
皖西白鹅	母	种鹅	产蛋性能	14.5	13.62	袁绍有等（2007）

（续）

试验鹅品种	试验鹅性别	试验阶段	判定指标	试验结果		资料来源
				蛋白质水平（%）	蛋能比（克/兆焦）	
溆浦鹅	母	种鹅	产蛋性能	16	14.5	和希顺等（2007）
马冈鹅	母	种鹅	繁殖性能	14	12.36	陈国胜等（2011）
浙东白鹅	母	种鹅	产蛋性能	14.18	12.83	赵鑫等（2012）

24 种鹅对矿物质、维生素的需要量是多少？

矿物质是构成种鹅骨骼和蛋壳的主要成分，具有调节机体渗透压、酸碱度、氧的运输、酶的激活、能量代谢、消化液的分泌，维持正常体温等功能，是种鹅维持正常代谢活动不可缺少的物质。矿物质在鹅体内含量不多，其中70%左右为钙、磷化合物。几乎所有的钙和80%的磷存在于骨骼中，蛋壳主要由碳酸钙组成，卵黄中含有大量的卵磷脂，高产母鹅产蛋期往往需要动用骨内的钙，待低产或休产时再予以补充。为满足钙、磷的需要，饲料中要添加贝壳粉、石粉等矿物质饲料，钙、磷的比例以3∶2为宜，同时供给足够的维生素D。组成食盐的钠和氯是维持正常生理活动不可缺少的物质，需要在日粮中补充少量的食盐，但不宜过多，过多会引起食盐中毒。此外，鹅还需要微量元素，主要有钾、锌等，是鹅体内某些酶、激素和维生素的成分。

维生素在鹅体内起着调节和控制机体代谢的作用。鹅消化道短，体内合成的维生素很难满足需要，维生素缺乏或吸收不良时，会导致特定的缺乏症，引起物质代谢紊乱，严重时会导致死亡。表4-3为近年来几种维生素及矿物质营养水平对种鹅生产性能的影响。

表 4-3　种鹅维生素及矿物质营养研究

试验鹅品种	试验鹅性别	试验阶段	判定指标	矿物元素	试验结果	资料来源
皖西白鹅	母	种鹅	生殖性能	Zn	100 毫克/千克	李梅清 (2007)
皖西白鹅	母	种鹅	繁殖性能	Se	0.6 毫克/千克	马兆臣 (2007)
长白鹅	母	种鹅	种蛋孵化率	Ca	2.0%～2.5%	郗正林等 (2009)
皖西白鹅	母	种鹅	繁殖性能	维生素 E	350 毫克/千克	马兆臣 (2007)
浙东白鹅	母	种鹅	繁殖机能	维生素 A、维生素 C	1.5 克/千克	赵鑫等 (2012)

25 种鹅日粮中需要补充哪些维生素？这些维生素不足会对种鹅有何影响？

　　维生素是调节鹅各种生理机能正常发挥所必需的营养物质，主要参与体内各种物质代谢。虽然鹅对维生素需要量很少，但它广泛存在于各细胞中，如果缺乏维生素，酶就无法合成，可引起代谢失调、生长发育停滞、产蛋量下降、繁殖机能减退、抗病力减弱，并导致维生素缺乏症的发生。鹅体内只能合成少量的维生素，多数靠饲料补充。

　　维生素的种类很多，鹅所需要的维生素有 14 种，脂溶性维生素主要有维生素 A、维生素 D、维生素 E、维生素 K，它们蓄积于体内，供机体较长时间的应用，这类维生素除维生素 E 外，较易发生过多症。水溶性维生素主要包括 B 族维生素〔维生素 B_1（硫胺素）、维生素 B_2（核黄素）、维生素 B_3（泛酸）、维生素 B_5（烟酸）、维生素 B_6（吡哆醇）、维生素 B_{11}（叶酸）、维生素 B_{12}〕、维生素 C（抗坏血酸）等 10 多种，它们不能在体内合成，必须从饲料中摄取，水溶性维生素一般不会发生过多症，多了能迅速排出体外。这些维生素是维持种鹅正常生理活动、产蛋、繁殖和胚胎发育所必需的营养物质。蛋内维生素营养无论是缺乏、过量或不平衡，都会对胚胎发育带来致命的后果。要想提高种鹅产蛋量、受精率、孵化率和健雏率，必须强化鹅种蛋内维生素营养，而鹅种蛋内维生素营养平衡与否取决于日粮营养及向蛋内转移的效率高低。当前养鹅业采用的各种饲料，除青绿饲料外，所含维生素多数不能满足种鹅生产的需要，必须使用维生素预混料来补充。

（1）维生素 A　主要来源于青绿多汁饲料（胡萝卜、黄玉米）。种鹅日粮中维生素 A 缺乏时，公鹅的精子数量减少、活力下降、畸形精子增多，直接影响种蛋的受精率；母鹅则产蛋量下降，蛋内常有血斑，所产蛋受精率和孵化率下降。孵化前期 4~8 天，血管分化受阻，骨骼发育受到严重影响，头和脊柱畸形，胚胎的错位率增加。孵化后期 29~31 天，依然存活的病胚发育缓慢，身体弱小，无力啄壳，多数于出壳前闷死，或孵出后较快死亡；存活的雏鹅绒毛无光泽，活力差。

（2）维生素 D　主要来源于鱼肝油。可促进肠对钙、磷的吸收，为骨骼正常发育及蛋壳的形成所需。缺乏时易导致骨骼生长不良、胚胎发育停滞，种蛋蛋壳变薄，蛋黄可动性大。一些雏鹅因钙化不全在啄壳时太虚弱而死亡，而孵出的雏鹅体弱无力、关节变形。

（3）维生素 E　主要来源于小麦、松针粉和苜蓿粉。促进性腺发育和生殖功能，并有抗氧化和保护肝脏机能的作用。缺乏时，公鹅睾丸退化，种蛋受精率下降。缺乏时可导致入孵后胚胎发育受阻及循环系统紊乱，除生长受阻外，头颈部水肿，孵化前期出现死胚。孵出的雏鹅虚弱。

（4）维生素 K　主要来源于青绿多汁饲料、鱼粉。促进凝血酶原及凝血活素的合成，维持正常的凝血时间。缺乏时，鹅胚和胎膜出血且随孵化天数增加情况日益恶化，死亡高峰出现在入孵后第 25 天。

（5）维生素 B_1（硫胺素）　主要来源于禾谷类加工副产品、谷类、青绿饲料和优质干草。主要功能是控制鹅体内水的代谢，维持神经组织及心脏的正常功能，促进肠蠕动和消化道内脂肪的吸收。缺乏时，可导致多发性神经炎和胚胎死亡。

（6）维生素 B_2（核黄素） 主要来源于干酵母、乳清粉和动物性蛋白质。起辅助作用，影响蛋白质、脂肪和核酸的代谢功能，是鹅胚胎正常发育必需的物质之一，可维持种蛋很好的孵化率。缺乏时，雏鹅足趾蜷曲，孵化过程中死胚增加，孵化率降低。

（7）维生素 B_3（泛酸） 主要来源于动物性饲料、磨粉副产品、干青饲料和油饼。主要功能是参与蛋白质、碳水化合物及脂肪的代谢，是鹅胚发育必需的物质之一。缺乏时，发育中的胚胎皮下出血、皮肤水肿或肝脏脂肪变性，孵化过程中胚胎的死亡率较高。

（8）维生素 B_5（烟酸） 主要来源于麦麸、青草和发酵产品。与能量和蛋白的代谢有关，维持皮肤和消化器官的正常功能，是鹅种蛋正常孵化和胚胎发育的重要物质。缺乏时，胚胎胫骨短粗，跗关节肿大，腿弯曲变形，产蛋率和孵化率降低。

（9）维生素 B_6（吡哆醇） 主要来源于干酵母、豆类和禾谷类籽实。主要参与蛋白质、脂肪和碳水化合物的代谢，在色氨酸和无机盐代谢中起重要作用。缺乏时，母鹅食欲降低、体重迅速减轻、产蛋率和孵化率下降。

（10）维生素 B_{11}（叶酸） 主要来源于动物性饲料、苜蓿粉和豆饼。主要功能是与维生素 C 和维生素 B_{12} 一起促进红细胞、血红蛋白的生成，可增加蛋重和提高初雏重。缺乏时，种蛋胚胎死亡增多，从孵化的第 18 天起，可观察到胚胎生长缓慢，并出现畸形，死亡高峰出现在出壳前几天内，有的在啄破气室后死亡。

（11）维生素 B_{12} 主要来源于动物性蛋白质饲料。主要功能是维持正常的造血功能，也是辅酶的成分，参与多种代谢反应，对于保证种蛋的正常孵化率是必需的。缺乏时，常导致孵化率急剧下降，在孵化第1周即可引起死亡，在 23～24 天到达死亡高峰。胚胎发育缓慢，皮肤水肿，肌肉萎缩，肝脏脂肪变性，体表、两腿和双翅有出血点。母鹅产蛋量下降，孵化率降低，脂肪沉积于肝脏并有出血症状。

（12）维生素 H（生物素） 主要来源于青绿多汁饲料、谷物、豆饼和干酵母，是辅酶，参与许多代谢，促进不饱和脂肪酸的合成，对于鹅胚的发育是必需的。缺乏时，鹅胚发生软骨营养障碍，胚胎发育停止、出血或蛋白不易吸收。胚胎死亡多出现在 21～23 天和出壳前。孵出的雏鹅骨骼短粗，畸形，运动失调。

（13）维生素 C（抗坏血酸） 主要参与氧化还原反应，与血凝有关，能增加机体抵抗力。在鹅体内能合成，一般情况下不会缺乏，但在应激或夏季高温环境下添加维生素 C 有助于抗应激，起到改善蛋壳品质、提高受精率和孵化率的作用。缺乏时，黏膜自发性出血，蛋壳硬度降低。

26 雏鹅饲料钙含量越高越好吗？

钙、磷是家禽必需的矿物质元素，家禽体内的钙、磷主要存于骨骼中，对骨骼的正常发育有重大影响。饲粮中适宜的钙、磷水平及比例是家禽胫骨正常发育的重要保证，钙、磷缺乏或过量都将使钙、磷代谢出现障碍，进而影响胫骨的正常发育。如果雏鹅采食过量的钙就会引起痛风病，临床表现为：雏鹅采食量减少，饮水量增加，精神不振，羽毛松乱，卧地倦动；排出白色石灰样稀便，有的呈绿色或黑色，并污染肛门周围羽毛；肛门松弛，收缩无力；喙和蹼苍白、贫血。许多雏鹅腿部关节肿胀，站立不稳，触摸有痛感。有的嗉囊扩张，口中流出少量淡黄色或无色稍混浊液体。剖检表现为内脏器官及关节腔有尿酸盐沉积。整群雏鹅较其他鹅群生长明显缓慢，部分形成僵鹅。

防治方法：首先降低饲料中钙的含量，调整钙、磷比例，使其合理。及时发现病雏鹅并将之挑出，多饲喂青绿饲料，给予充足的清洁饮水，在饮水中加入 5％的碳酸氢钠，促进体内尿酸盐排出。在日粮中增加维生素 A 的含量。同时，立即停止使用磺胺类药物。全群雏鹅投给肾肿解毒药（肾宝），按产品说明书进行饮水，连用 3～5 天；用大黄苏打片拌料，1.5 片/千克，1～2 次/天，连用 3 天。

重病雏鹅可逐只直接投服或用口服补液盐饮水。

27 配制鹅饲料时，要遵循哪些原则？

（1）正确选用种鹅饲养标准和饲料营养价值表　种鹅饲养标准是科学饲养种鹅的基本依据。只有选用适当的饲养标准才能为种鹅提供充足、均衡的养分，避免养分不足或浪费。不同种鹅品种以及不同国家和地区制定的种鹅饲养标准不尽相同，目前，我国尚未建立种鹅饲养标准，配制日粮时应充分考虑种鹅的生理特点和营养需求进行配制。

（2）选用适当的饲料原料，注重降低成本　掌握本地饲料资源及价格状况，尽量选用当地的营养丰富、价格低廉、原料新鲜、品质良好的饲料，以保证饲料供应的稳定和降低饲料成本。饲料选择要注意适口性好，体积不宜过大，不能使用霉变或含有其他有害物质的饲料。饲料力求多样化，以使各种饲料之间的营养物质相互补充，有利于营养物质的平衡和饲料资源的利用。

日粮配合应以提高种鹅的经济效益为原则，尽可能降低饲料的成本。使用好的日粮配方可提高种鹅的生产性能，但有时经济效益不一定合算，此时应及时调整日粮配方，降低饲料的档次，以提高种鹅的经济效益。

（3）保持相对稳定　日粮的改变对种鹅来讲是一种应激，不利于种鹅生长，在生产中要注意保持日粮的相对稳定。如需改变时，必须安排1周左右的过渡期，一般以加入1/3或1/2的比例逐步进行变换，以使种鹅有一个适应过程。

（4）日粮配合时要搅拌均匀　种鹅的日粮由多种饲料原料配合而成。有些饲料原料添加比例较大，较易搅拌均匀；而另有些营养物质如维生素、微量元素等添加比例较小，如果搅拌不均匀，就可导致某些养分的缺乏或过量。因此，在配合时应把这些添加剂先与载体预混合，然后再放入饲料中充分搅拌，以确保各种养分充分混匀。

（5）控制某些饲料原料的用量　豆科干草粉富含蛋白质，在日粮中用量可为 15%～30%；羽毛粉、血粉等虽然蛋白质含量高，但消化率低，添加量应在 5% 以下。

28 配制鹅饲料时，需要考虑哪些营养素？

（1）能量 鹅的一切生理过程，都需要能量来驱动。能量的主要来源是碳水化合物及脂肪，蛋白质在过剩时也分解产生热能。脂肪是鹅体组织细胞脂类物质的构成成分，也是脂溶性维生素的载体。但脂肪是可以代替的养分，可由碳水化合物或蛋白质转化而成，且添加的脂肪较难消化，在饲料中一般不必加喂脂肪，营养需要上也可不予考虑。

（2）蛋白质 是构成鹅体和鹅产品的重要成分，也是组成酶、激素的主要原料之一，关系到整个新陈代谢的进行，而且不能由其他营养物质代替，是维持生命、进行生产所必需的养分。

（3）矿物质 在机体生命活动中起着重要的作用。按各种矿物质在动物体内的含量不同，分为常量元素与微量元素。对鹅来说，在放牧或青饲料供应充足的情况下，除钙、磷、氯、钠要注意适当补充外，其他元素一般均能满足需要，不必另外补充；在舍饲期，其他元素要适当补充。

（4）维生素 是饲料中含量很少，又有特殊作用的物质。维生素是保证各种生理机能正常进行的重要物质。青绿饲料是维生素的主要来源。

（5）水分 是鹅体组成的重要成分，也是一切生理活动所离不开的主要因子。水是进入鹅体内一切物质的溶剂，参与物质代谢、营养物质或分解产物的运输，能缓冲体液的突然变化，帮助调节体温。

29 配制鹅饲料时，常用的饲料原料有哪些？

（1）能量饲料 鹅常用的能量饲料有各类籽实及其加工副产品，包括谷实类的玉米、稻谷、小麦及麦秕、谷秕子；糠麸类的米糠、麸皮、玉米糠、稻糠等；块根、块茎和瓜类如马铃薯、南瓜、胡萝卜、红薯等。这类饲料含有丰富的能量，较低的粗纤维，容易消化吸收，但含蛋白质、脂肪少，钙、磷含量低，除黄玉米含胡萝卜素外，其他谷物均缺乏，且含核黄素量少。这类饲料含营养物质往往不稳定，单一使用效果不佳。

在鹅常用的谷实能量饲料中，玉米是鹅主要的能量饲料。玉米所含能量高（代谢能达 14.04 兆焦/千克），粗纤维少，适口性好，价格适中，一般在鹅的饲料中占 50%～70%；含蛋白质较低（8.6%），蛋白质中的几种必需氨基酸含量少，特别是赖氨酸、色氨酸和蛋氨酸；玉米含钙少，磷也偏低，饲喂时注意补钙，但玉米中含较多的胡萝卜素，有利于蛋黄和皮肤着色。玉米粉容易滋生黄曲霉菌而变质，如需要保存应以不粉碎为好。大、小麦麸含能量低，B族维生素、锰、钙和蛋白质含量较高、适口性好，是鹅的常用饲料，但含粗纤维多，质地疏松，体积大，具有轻泻作用，用量不宜过多。米糠是稻谷加工后的副产物，其成分随加工大米精白的程度而有显著差异。能量含量低，粗蛋白质含量高，富含B族维生素，含磷、锰、镁多，含钙少，粗纤维含量高。

若能量饲料（如玉米、小麦、高粱、稻谷）保存不当，易受曲霉、黄曲霉污染。鹅若摄入霉菌毒素，则会严重降低产蛋性能和种蛋受精孵化率；若摄入量多，则易中毒死亡。米糠、麸皮等谷实加工副产品含脂肪量高，且大多为不饱和脂肪酸，容易腐败变质，应饲喂新鲜米糠。为防止米糠脂肪腐败，可加入抗氧化剂。

（2）蛋白质饲料　蛋白质饲料指粗蛋白质含量在 20% 以上的饲料，可分为植物性蛋白质饲料和动物性蛋白质饲料。植物性蛋白质饲料包括豆类、豆饼类（豆粕）、菜籽饼、花生饼等；动物性蛋白质饲料包括鱼、虾、骨肉粉、羽毛粉和蚕蛹等。

1）鹅常用的植物性蛋白质饲料

①豆饼（豆粕）：粗蛋白质含量高达 40%～45%，赖氨酸含量高，蛋氨酸和胱氨酸含量偏低。

②生豆饼：含有胰蛋白酶抑制因子（阻碍蛋白质的消化吸收），以及血凝素、皂角素等抗营养因子（有害物质），因此鹅不能饲喂

生豆饼。

2) 鹅常用的动物性蛋白质饲料

①鱼粉：含粗蛋白质 50%～65%，且富含鹅所需要的各种必需氨基酸和 B 族维生素，钙、磷含量高，脂肪含量高，贮存中易受热发生脂肪腐败。

②肉骨粉：营养价值随骨骼比例增加而降低，所以使用前必须了解肉骨粉产品的成分，一般含粗蛋白质 20%～50%，含矿物质较高，适口性差，用量不宜超过 5%，否则影响食欲，还能引起腹泻。

③血粉和羽毛粉：蛋白质含量高达 80%，溶解性差，消化利用率低。

④血粉：含铁高，含钙、磷少，适口性差，日粮中不宜多用，通常占日粮 1%～3%。

⑤羽毛粉：含胱氨酸高，适口性差，一般用量控制在 3% 以内。

(3) 矿物质饲料　钙、磷矿物质饲料，鹅常用的有石粉、贝壳粉、磷酸氢钙等，使用磷酸氢钙矿物质饲料要注意氟的含量，不宜超过 0.2%，否则会引起鹅氟中毒。微量元素矿物质添加剂，用于补充鹅生长发育过程中所需要的各种微量元素，也属于营养性添加剂。

(4) 青绿饲料　鹅常用的青绿饲料主要包括牧草类、叶菜类、水生类青绿饲料等，来源广泛，成本低廉，是饲养鹅最主要、最经济的饲料。青绿饲料营养特点是干物质中蛋白质含量较高，品质好；含粗纤维少，消化率高；柔嫩多汁，适口性强；维生素含量丰富，钙、磷比例适宜。但一般含水量较高，干物质含量少，有效能值低。因此放牧饲养鹅时，要注意适当补充精料。青饲料生产的季节性强，为了全年均衡利用青绿饲料，有必要对青绿饲料进行调制和加工。青绿饲料干燥，最好采用高温快速烘干机进行，以减少养分损失。青绿饲料青贮，是将新鲜的青绿饲料作物（如青玉米、牧草、野草、南瓜、大头菜、白菜、胡萝卜、甜菜、各种藤蔓等）切碎装入青贮窖或青贮塔内，压实隔绝空气，经过乳酸菌的厌氧发酵，制成具有酸甜香味、营养丰富、耐长时间储藏的饲料。

30 如何配制各阶段鹅饲料？

鹅的日粮配合应依据鹅的饲养标准和营养价值表，因地制宜，充分利用当地饲料资源，并考虑饲料成本和经济效益；考虑鹅的生理特点、生产用途、品种性能和环境季节的差异；饲料要多样化，不同饲料种类的营养成分不同，多种饲料可起到营养互补的作用，以提高饲料的利用率；日粮配方可按饲养效果、饲养管理经验、生产季节和养鹅户的生产水平进行适当调整，但调整幅度不宜过大，一般控制在10%以下。各类饲料的大致用量：籽实类及其加工副产品30%～70%、块根茎类及其加工副产品（干重）15%～30%、动物性蛋白质5%～10%、植物性蛋白质5%～20%、青饲料和草粉10%～30%、钙粉和食盐酌加，并视具体需要使用一些添加剂。

（1）雏鹅　指孵化出壳后到4周龄或1月龄的鹅。雏鹅的培育是整个饲养管理的基础。因此在养鹅生产中，要高度重视雏鹅的培育工作，培育出发育快、体质健壮、成活率高的雏鹅，并为种鹅的培育打下良好基础。雏鹅在第一次饮水后就要开食，开食是在雏鹅开始起身并表现有啄食行为时进行，一般在出壳后24～36小时内开食。开食的精饲料为颗粒状雏鹅料，一般由细小的谷食类原料制成。开食的青饲料要求新鲜易消化，以幼嫩、多汁的青菜为最好，青饲料要切成1～2毫米的细丝状。开食的时间约为半小时。以扬州鹅为例，开食时的喂量，一般为每1 000只雏鹅1天5千克青饲料、2.5千克精饲料，每隔2～3小时昼夜饲喂，以后逐步减少饲喂次数、增加饲喂量。

参考配方：玉米42%，玉米蛋白粉2%，豆粕23%，棉粕3%，小麦25%，预混料5%。

（2）中鹅　雏鹅经过舍饲育雏和放牧锻炼，进入中鹅阶段。一般指4周龄（或1月龄）以上至70日龄左右的鹅。这个时期的目的主要是培育出适应性强、耐粗饲、增重快的鹅群，为下一阶段选留预备种鹅或转入育肥鹅做好充分准备。这个阶段鹅的各个部位生长发育最快，并能利用大量青绿饲料。因此，每天除供给中鹅充足的青绿饲料外，还应每天补饲 2 次精饲料。以扬州鹅为例，饲喂量为每只鹅每次 100～150 克。

参考配方：玉米 63%，豆粕 27%，麸皮 3%，油脂 2%，预混料 5%。

（3）后备鹅　中鹅饲养至 70 日龄后，留作种用的那部分鹅被称为后备鹅。饲养后备鹅的目的是提高鹅种用价值，为产蛋和配种做准备。后备种鹅这时正处在身体发育时期，因此要充分满足其营养需要，首先要让其自由采食青绿饲料，精饲料要定时定量饲喂。以扬州鹅为例，一般每只鹅每天 150 克左右，每天饲喂 1 次。

参考配方：玉米 60%，豆粕 20%，麸皮 9%，石粉 6%，预混料 5%。

（4）种鹅　种鹅指母鹅开始产蛋、公鹅开始配种用以繁殖后代的鹅。饲养种鹅的目的在于不断提高鹅的繁殖性能，繁殖高产健壮的后代，为鹅业的发展提供生产性能高、体质健壮的雏鹅。种公鹅在配种期，主要是保证其旺盛的精力和性欲，从而高质量地完成配种任务。当母鹅产蛋结束后，公鹅的配种期也会随之停止。无论是配种或非配种期，种公鹅对饲料的要求以满足其日常需要即可。但在日常饲喂时也一定要定时定量，以扬州鹅为例，一般每只鹅每天 180～220 克，每天分 2 次饲喂。青绿饲料充足供给。

母鹅在产蛋期对蛋白质、碳水化合物的营养需要明显增加，尤其是对矿物质和维生素的需要更多，如果营养不足就会严重影响种蛋质量。精饲料饲喂要定时定量，以扬州鹅为例，一般每只鹅每天 180～250 克，每天分 2 次饲喂，青绿饲料自由采食。

参考配方：玉米 60%，豆粕 20%，麸皮 12%，石粉 3%，预混料 5%。

31 产蛋期种鹅需要补料吗？

鹅的产蛋量除受品种、年龄和饲养管理影响外，合理补料也是提高鹅产蛋量的重要环节。

（1）看膘情补料 喂得过肥的母鹅，卵巢和输卵管周围沉积了大量脂肪，使体内分泌机能失调，影响卵细胞的生成和运行，因而产蛋率大大降低，甚至停产。母鹅过瘦，营养缺乏，产蛋率自然要降低或停产。对过肥鹅，要适当减少或停喂精饲料。对圈养的肥母鹅，应适当增加运动或放牧。对过瘦母鹅，要及时增喂精饲料，应注意增加日粮中蛋白质的含量，晚上还要给产蛋鹅加 1～2 次精饲料。

（2）看粪便状态补料 如果鹅排出的粪便粗大、松软，呈条状，表面有光泽，轻轻拨动能使粪便分成几段，说明营养适中、消化正常。若排出的粪便细小结实，颜色发黑，轻轻拨动粪便后，断面成颗粒状，说明精饲料喂量过多，青饲料喂量过少，饲料中营养水平较高不易吸收，引起消化吸收异常，应减少精饲料的比重，增加青饲料比重。如果鹅排出的粪便颜色浅，不成形，一排出就散开，说明精饲料喂量不足，青饲料喂量过多，饲料中营养水平过低，应补喂精饲料。

（3）看蛋的形状和重量补料 产蛋鹅对蛋白质、碳水化合物和脂肪的需要比不产蛋鹅高1倍，而对矿物质及维生素的需要就更多了。一般来说，产蛋鹅日粮总量为 150～300 克，如果产蛋鹅摄入的饲料营养物质不足，蛋壳会变薄，蛋形变异，蛋也较小。一旦发现这种情况，必须添加豆粕、花生粕、鱼粉等增加饲料中的蛋白质含量。

（4）冬季夜间补料 种鹅产蛋期间需要消耗很多营养物质，所以这一期间的饲料营养特别重要，种鹅饲料中的营养不均衡或缺乏某些营养素，都会造成种鹅体质下降，体弱消瘦，严重的还会造成提前换羽，停止产蛋。在种鹅临产和产蛋期间，应供给其足量且比例均衡的能量饲料、蛋白质饲料、矿物质饲料和微量元素，以满足其生长发育和新陈代谢需要。一般情况下，产蛋每日饲喂 220 克左右的精饲料，严冬季节，昼短夜长，夜间更要补喂饲料。

32 产蛋期种鹅营养供给应该注意什么？

种鹅在产蛋期的营养供给是整个产蛋期饲养管理工作的重中之重，所以一定要注意营养物质的全面供给。饲料中营养物质成分不全、含量不足及各营养物质间的比例失调等会造成：公鹅体况下降，性欲低下，配种效果差；母鹅膘情下降，产蛋量减少，甚至停产。同时，还要避免因营养水平过高造成的种鹅过肥。母鹅过肥，会使卵巢和输卵管周围积存大量脂肪，影响卵泡排卵，导致向腹腔排卵，或排两个卵形成双黄蛋。母鹅过肥还可导致产蛋时发生脱肛。更重要的，肥胖还影响生殖内分泌，抑制卵泡发育，降低产蛋性能。同样，公鹅过肥会降低雄激素分泌，影响精液品质，不利于交配，使种蛋受精率下降。这些都将造成巨大经济损失，严重影响生产经营。

种鹅产蛋期的营养水平必须保证其生理期的营养需要，特别要保证日粮中的能量、蛋白质和几种必需氨基酸、各种矿物质和维生素的需要量。在此期间，饲料品质要稳定，用以保证营养水平的相对稳定。若饲料原料出现质量问题，如各种营养成分比例失衡或在保存期间出现饲料霉变，被有毒有害物质污染等，则会导致鹅的采食量下降，引起鹅营养摄入不足甚至中毒，导致产蛋性能下降。产蛋日粮中营养水平的大幅度变化极易引起种鹅应激，导致种鹅生产力降低，繁殖期无产蛋高峰等不可逆的严重后果，造成巨大的经济损失。因此，产蛋期不宜大幅度调整饲料配方和更换饲料原料。如生产中需要，可根据种鹅的产蛋、配种、孵化等情况适当调整日粮配方。

33 种鹅是如何利用饲粮粗纤维的？

种鹅能充分利用饲粮粗纤维与其独特的生理结构和消化特点有关。种鹅的喙长而扁平，呈凿状，边缘粗糙，有很多细的角质化的嚼缘，上下喙的锯齿相互契合，可截断青草。种鹅消化道的长度是体长的 10 倍，这使得饲粮在消化道内停留时间较长，消化作用时间长，饲粮中营养物质被消化吸收得更充分。种鹅食管有一膨大部，富有弹性，功能与嗉囊相似。种鹅的胃分为腺胃和肌胃，腺胃可分泌盐酸和酶，有助于营养物质利用；肌胃比较发达，胃壁由厚而坚实的肌肉构成，肌胃压力可达（3.533～3.733）×10^4 帕。种鹅的小肠发达，可分为十二指肠、空肠、回肠，其长度相当于体长的 8 倍左右。小肠中的微碱环境能有效裂解植物细胞壁而使其溶解，小肠黏膜上皮与固有膜向肠腔突起形成许多皱襞和肠绒毛，大大增加了肠管的消化和吸收的表面积。小肠可以分泌多种消化液消化营养物质，小肠分泌的黏液可以保护肠壁免受消化酶、外来病原体和酸性食糜的破坏。种鹅有一对发达的盲肠，长度为 54～60 厘米，盲肠中有丰富的微生物，盲肠中每克食糜中微生物的种类要比其他肠段多，盲肠可以利用粗纤维，将其发酵为短链脂肪酸、氨、二氧化碳和甲烷。

（1）盲肠在种鹅消化过程中的作用　种鹅近端盲肠内有绒毛、隐窝和杯状细胞，肌肉层厚；盲肠中部没有绒毛，有平行褶皱，肌肉层变薄；盲肠末端没有绒毛和平行褶皱，肌肉层更薄。这表明盲肠近端有吸收作用，褶皱高而平行，增加了吸收面积，并起到"封门"作用，使食糜在盲肠内滞留时间增加。种鹅盲肠内微生物发酵能力较强，种鹅对半纤维素的消化率达 41.54%，对酸性洗剂纤维和纤维素的消化率分别为 22.97% 和 17.42%，但切除盲肠后，种鹅对粗纤维消化率呈下降趋势。盲肠内微生物区系不稳定，缺乏能消化利用纤维素的酶，因此不能很好地利用饲粮粗纤维。种鹅能够利用粗纤维，是因为在长期的进化过程中，种鹅形成了快速排出食糜，增加采食次数从而增大采食量，从粗纤维中获得自身所需营养物质的习性，但实际上从单位量方面来比较，种鹅对粗纤维的利用能力并不比鸡强。

（2）肌胃在种鹅消化过程中的作用　肌胃可降低食物颗粒大小、调节胃肠蠕动、控制食糜流量、增加盐酸、胆汁酸、内源性酶等的分泌，这些活动都会影响胃肠道功能，并可改变消化器官内微生物的生长环境，进而影响营养物质的利用。种鹅的肌胃发达，肌胃压力大，肌胃内含有较多沙砾。饲粮粗纤维水平升高，食糜在肌胃中停留时间就会延长。种鹅发达的肌胃可粉碎分解植物中的细胞壁，更好地消化利用酸性洗涤纤维。另外，发达的肌胃可提高胃肠道功能和不同消化器官黏膜表面活力，降低细菌黏附到黏膜表面的能力，提高营养物质的消化与吸收。

在粗纤维消化利用方面，7周龄以前，鹅对粗纤维的消化主要是靠肌胃对细胞壁的崩解作用；7周龄以后，对粗纤维的消化主要是肌胃和盲肠共同作用的结果。十二指肠在中性洗涤纤维的代谢中起非常重要的作用，肌胃在酸性洗涤纤维代谢中的作用较大，盲肠在半纤维素的代谢中起非常重要的作用。由此可见，种鹅能够消化利用高水平的粗纤维，其对粗纤维的降解是一个复杂的、多器官、多种酶及多种微生物共同作用的结果。

34 粗纤维在种鹅饲料中有什么作用？

（1）产生饱腹感，避免采食过量 粗纤维系水力强，食糜体积增大，易使种鹅产生饱腹感。

（2）提供能量 粗纤维能被肠道内微生物发酵生成挥发性脂肪酸。

（3）维持肠道的正常结构和功能 粗纤维可刺激肠道发育，改善胃肠道内微生物区系的种类和数量。

（4）维持胃肠道的正常蠕动 粗纤维通过直接的机械刺激或发酵产物影响肠道运动。

（5）维持种鹅的矿物质平衡 日粮纤维影响种鹅体内矿物质的吸收、利用，维持矿物质平衡。

（6）保健和预防疾病 粗纤维是一种缓冲剂，可提高种鹅肠道缓冲力，防止胃黏膜溃疡，其含量不足会引起种鹅啄癖。粗纤维通过不同的机制抑制病原微生物的生长，降低消化紊乱，促进酸性蛋白质的产生，增强黏液抵抗细菌酶的潜能，有助于病原体的消除。

（7）解毒 粗纤维具有较强的吸附能力，可吸附饲粮和消化道中产生的某些有害物质，促使其排出体外。

（8）改善产品质量　适当增加饲粮粗纤维水平，可降低胴体含脂率，增加瘦肉率。

35 影响鹅对饲粮粗纤维利用率的因素有哪些？

鹅对饲粮粗纤维的利用率既与鹅品种、日龄有关，也与饲草成熟程度、粗纤维来源有关。

（1）鹅品种　鹅品种不同对饲粮粗纤维的消化能力也不同。研究发现，五龙种鹅对玉米秸秆酸性洗涤纤维（ADF）、中性洗涤纤维（NDF）、粗纤维（CF）消化率分别为 $28.56\%\sim49.32\%$、$42.68\%\sim58.51\%$、$18.16\%\sim48.28\%$。吉林白种鹅对玉米秸秆 ADF、NDF 和半纤维素的消化率分别为 $12.94\%\sim16.09\%$、$36.69\%\sim40.27\%$、$42.98\%\sim47.35\%$。合浦种鹅对玉米秸秆中 ADF、NDF 和半纤维素的消化率分别为 4.93%、25.88%、55.85%，对玉米秸秆中粗纤维的消化率为 $27.6\%\sim31.6\%$。安农仔种鹅对玉米秸秆 ADF、NDF、半纤维素的消化率分别为 35.9%、24.7%、37.8%。太湖种公鹅对玉米秸秆 ADF、NDF、半纤维素的消化率分别为 11.94%、13.36%、26.36%。

（2）鹅的生理阶段　随日龄的增加，鹅胃肠道不断发育成熟，小肠、大肠长度的增长主要发生在育雏期，而盲肠、直肠厚度却主要在育成期增厚。不同日龄，鹅肠道内微生物的种类也有所不同。1 日龄时，盲肠内的优势菌群主要是球菌和乳杆菌等细菌，而到 14 日龄时类杆菌和真菌才定殖，日龄越大对粗纤维利用能力也越强。2 周龄时仔鹅盲肠内才出现微生物的消化活动，胰腺淀粉酶的活性随日龄的增大呈直线增高。

（3）饲草成熟程度　饲草成熟程度是影响种鹅干物质消化率的又一个重要的因素。种鹅对粗纤维的消化率随着饲草成熟程度的提高而降低。

（4）粗纤维来源　饲粮粗纤维来源对种鹅的消化吸收也有较大的影响。不同的粗纤维来源有不同的物理结构和化学组分，这也使种鹅对粗纤维的利用产生不同结果。鹅的日粮纤维可能来自玉米秸、苜蓿和稻草等多种粗饲料，其中中性洗涤纤维、酸性洗涤纤维、木质素和半纤维素等的含量和组成有较大差异。一般认为，木质素含量高，饲料纤维消化率低；半纤维素含量高，纤维消化率高。不同的牧草或同一牧草不同收割期，其纤维成分的含量不同，鹅对它们的利用率就会出现差异。

36 提高纤维素利用率的措施有哪些？

目前，对纤维的处理方法主要包括物理方法（机械破碎）、化学方法（酸、碱等）、生物法（微生物处理），以及物理化学协同法（酸微波、碱微波等）。

①机械粉碎可保留原料的各组分，但会破坏纤维素、半纤维素和木质素三者的结合层，以及部分结晶结构，降低聚合度。②酸处理主要是采用稀酸，处理后半纤维素水解，纤维素平均聚合度降低。碱处理是利用木质素溶解于碱液的特点，使半纤维素和木质素之间的酯键皂化，纤维素和半纤维素之间的氨键削弱，使纤维物质具有多孔性，增加其表面积，去除部分半纤维素和木质素，降低原料的聚合度和结晶度。③微波处理，处理温度需高于160℃，达到木质素和半纤维素的热软化温度，达到分离目的。④物理化学协同处理可克服单一处理法带来的不足，如微波协同酸处理，微波处理可降低纤维素的结晶度，而酸处理可增大原料的内孔面积，两者协同更利于降解；微波作为一种高频电磁波，当微波协同碱处理时，可促进碱液快速渗透到纤维物质组织内部，对其纤维结构产生影响。

37 稻壳可以喂鹅吗？

稻壳是大米加工的副产物，其产量丰富，粗纤维含量高，价格便宜，应用于鹅的养殖可缓解苜蓿等优质牧草的短缺问题。稻壳的营养成分为：水分12%左右、粗纤维35%～45%（不同成熟程度的水稻所产的稻壳，粗纤维含量有所差异）、木质素21%～26%、粗蛋白质2.5%～3%、多聚戊糖16%～22%、灰分13%～22%、钙 0.44%、磷 0.09%。稻壳中的主要化学成分为粗纤维、木质素、多聚戊糖等，占 80%以上，因此，稻壳的营养价值非常低，常被用作饲料填充剂，在饲料中起到非营养性作用；同时，稻壳具有良好的韧性，质地坚硬、粗糙，多孔性且热值高等特点，对鹅胃肠道生长发育、消化酶活性和养分利用率都有一定的影响。稻壳纤维还可显著降低早期鹅肠道固有层厚度与肠绒毛高度。

利用稻壳喂鹅必须注意以下几点：①稻壳必须未发生霉变，必须粉碎加工，最好采用酵母粉加少量糖发酵处理。②饲喂稻壳时应注意添加比例，比例为总饲喂量的 20%。饲粮纤维水平在较低范围内时，对生长鹅养分消化有促进作用；当超过一定水平后，饲粮纤维对肠道的损伤和抗营养作用就会表现出来，并且能明显降低饲料中养分消化利用率。

38 鹅常用非常规饲料有哪些？

（1）糟渣类饲料　多数经过微生物发酵过程，在此过程中原料的部分淀粉被消耗，蛋白质、脂肪和纤维等其他成分相对浓缩，加之微生物的作用，糟渣中蛋白质、B族维生素及氨基酸均比原料中的含量有所增加，发酵中生成的有机酸和一些未知生长因子也有一定有益作用。这类饲料有酒糟、啤酒糟、豆腐渣、甜菜渣等，这些饲料如能与其他饲料混合饲喂，效果更好。

（2）DDGS　是酒糟蛋白饲料的商品名，即含有可溶固形物的干酒糟，是用玉米等谷物经发酵生产酒精后的残留物经过干燥形成的一种副产物。DDGS 的粗蛋白质含量一般在 26%以上，因此已成为饲料生产中广泛应用的一种新型蛋白质饲料原料。由于玉米原料、酒精生产工艺流程、发酵方法及干燥方法等因素的不同，DDGS 的营养成分和在动物体内的消化率会有较大变异，不同品种家禽对 DDGS 的消化率也不同。五龙种鹅和青农灰种鹅对 DGGS 的真代谢能为 8.43、9.04 兆焦/千克。

（3）醋糟　也称为醋渣，是固态发酵法生产食醋的副产品。就营养成分而言，醋糟较 DDGS 具有以下特点：①粗蛋白质含量偏低（12.38%）；②粗纤维含量较高（29.63%）；③呈酸性。鲜醋糟的 pH 为 5.0～5.5。风干醋糟因含有乙酸、乳酸、苹果酸、酒石酸和 α-酮戊二酸等有机酸，也呈酸性。

（4）苹果渣　是苹果在加工果汁过程中的残渣，主要由果皮、果核和残余果肉组成。由于苹果渣存在含有单宁、果胶等抗营养因子以及偏酸的问题，在畜禽饲粮中用量一般不大。通过发酵处理后，苹果渣的抗营养因子减少、适口性增加。研究表明，饲喂含 20% 发酵苹果渣的饲粮与饲喂常规饲粮的雏种鹅，在体增重、饲料转化率和营养物质代谢率等方面表现相似。

（5）木薯渣　是木薯在生产淀粉和葡萄糖过程中得到的下脚料。木薯渣在使用过程中存在诸多问题：①鲜木薯渣水分含量高达 80%～90%，极易发霉变质；②纤维性物质、氰苷类物质含量较高，使用不当容易引起动物氢氰酸中毒。为克服木薯渣的上述缺陷，可将其进行微生物发酵处理。研究表明，黑曲霉、绿色木霉和根霉 R2 以 2∶2∶3 的比例组成的复合菌是发酵木薯渣较为理想的菌种，在液体菌种添加量为 3%、氮源为 20%、发酵温度为 37℃ 的条件下发酵 4 天，可得到良好的木薯渣发酵产物。研究发现，种鹅的饲粮中分别使用 15% 和 20% 的发酵木薯渣，在不影响生长性能的同时，还降低了饲料成本。

（6）花生藤　为油料作物花生收获后的藤蔓副产物。干物质 91.3%，粗蛋白 11.0%，粗脂肪 1.5%，粗纤维 29.6%，无氮浸出物 41.3%，灰分 7.9%。不同收割时期，花生藤的营养成分含量差异很大，提前收割时，花生藤粗蛋白含量可达 15.23%，粗脂肪含量为 4.95%。与其他优质牧草相比，花生藤中粗蛋白含量高于多年生黑麦草和苏丹草，接近盛花期紫花苜蓿。鹅能较好地吸收利用花生藤中的纤维类成分。有研究表明，4 周龄溆浦鹅饲料中添加 21% 的花生藤，不影响鹅的生产性能。

39 哪些方法可提高秸秆类饲料的利用率？

（1）物理处理　包括切短与粉碎、揉搓、浸泡与蒸煮、热喷处理及制粒。

（2）化学处理　包括碱化处理、酸化处理及氧化处理。

（3）生物学处理　包括青贮、酶制剂处理及微生物处理。

40 鹅饲喂酒糟时应注意什么？

（1）不可单喂　酒糟的营养成分因原料和酿造方法的不同而异。鲜酒糟水分含量占70%，粗纤维6%左右，干物质中粗蛋白15%～20%，B族维生素、磷酸盐、钾的含量较多，无氮浸出物少，缺乏胡萝卜素、维生素D和钙。因此，不能单独饲喂鹅，应搭配玉米、豆粕和糠麸等饲料，并补充骨粉和贝壳粉。

（2）用量不可过大　酒糟属能量饲料，因其含有一定数量的酒精，因此，喂量不可过大。

（3）注意变质　酒糟贮存不好或放置过久，易腐败变质，随后产生游离酸、杂醇油及产生各种霉菌，鹅食后极易中毒，所以霉变的酒糟不能喂鹅。

（4）不可喂产蛋鹅　因酒糟含酒精，食入后在机体内分解为醋酸，经消化道进入血液中，与血液中的碳酸盐发生反应，从而降低机体的新陈代谢。酒精还易导致精子畸形。为此，公、母鹅在产蛋前1个月就应停喂。

41 什么是生物发酵饲料？

生物发酵饲料是指在人工控制条件下，以植物性农副产品等为主要原料，通过可饲有益微生物的代谢作用，将饲料中的大分子物质和抗营养物质进行分解和转化，产生有机酸、可溶性小肽等更易于动物吸收的小分子物质及次生代谢产物的饲料或原料，因此，生物发酵饲料综合了众多绿色饲料添加剂如益生菌、酶制剂和酸化剂等的功效，能够提高饲料转化效率以及某些营养物质如蛋白质、氨基酸、维生素等的水平，降低饲料中存在的有害物质含量，增加饲料中益生菌数量，减少抗生素在生产中的使用。

42 发酵饲料的作用机制和特点有哪些？

（1）调节肠道微生态平衡　动物肠道内的优势菌群主要是厌氧菌，菌群之间的平衡是畜禽正常生长的保证。发酵饲料中的乳酸杆菌、酵母菌、芽孢杆菌可以相互调节，抑制有害菌如沙门氏菌的异常生长，从而维持肠道微生态平衡。

（2）产生抑制有害菌的物质，增强机体的免疫功能　微生物发酵饲料中的乳酸杆菌、双歧杆菌在肠道内能产生甲酸等酸性物质，降低肠道 pH，抑制对酸敏感的致病菌的生长。芽孢杆菌、乳酸菌代谢产生的抑菌素能很好地抑制病原菌在肠道内的生长；同时，微生态制剂中的有益菌是良好的免疫激活剂，它们能刺激肠道免疫器官生长，激发机体发生体液免疫和细胞免疫，增强机体免疫能力和抗病能力。

（3）合成营养物质，增强体内代谢　微生物制剂中的有益菌在肠道内代谢可产生多种消化酶、氨基酸、维生素，以及其他一些代谢产物，作为营养物质被畜禽机体吸收利用，可以促进畜禽生长发育和增重。产生的多种酶类还能提高蛋白质、脂肪等的降解率，从而提高饲料利用率。

（4）有效利用非常规饲料原料，降低饲料成本　微生物发酵饲料可利用棉粕、米糠等非常规饲料原料，与发酵前的原料相比，各种原料的营养价值得到明显改善。饲料经过发酵，一些大分子有机物或抗营养因子被降解或消除，不但提升了品质，还可以节约饲料成本。

43 微生物发酵饲料有何优点？

（1）预防疾病　微生物发酵饲料中含有大量的乳酸菌等有益菌种及有机酸，可降低肠道的 pH。胃肠道内维持较低的 pH，可以抑制大肠杆菌及沙门氏菌等致病菌的繁殖生长，提高动物的免疫机能，建立动物机体健康的良性循环，有效地预防各类细菌性和病毒性疾病，减少药物投用量，降低药费支出。乳酸菌等有益菌在肠道内的吸附增殖对于调节肠道菌群平衡、改善肠道微生态环境也可起到重要的作用。

（2）改善饲料品质，提高消化利用率　饲料经过微生物发酵作用以后，一些大分子蛋白物质及难以消化的纤维类物质含量大大减少，饲料利用率明显提高。同时，降解发酵原料的抗营养因子和毒素，减轻了对动物肠道尤其是幼龄动物肠道的抗原性刺激。另外，饲料发酵过程中，如芽孢杆菌等会产生大量的消化酶类、小肽、B族维生素及一些未知促生长因子，也会提高动物对饲料的消化利用率。

（3）改善生态环境　微生物发酵饲料可提高动物的消化利用率，显著减少了动物粪便中氨氮物质的含量，对于降低养殖舍内氨气等有害气体的含量、减少环境污染，效果尤为明显。另外，微生物发酵饲料中无药物添加剂可避免耐药性菌株对养殖环境的污染。

（4）降低饲料成本　针对微生物发酵的优点，可以增加一些非常规蛋白原料的使用量而不会影响动物的生长性能，从而节约饲料成本。

44 如何制作种鹅发酵饲料？

发酵饲料的制备：将饲料原料粉碎后用1毫米孔过筛，备用。若使用固体型有益微生物制剂，则将其直接加入上述原料中搅拌均匀即可。若使用液体型有益微生物制剂，则先将其倒入无漂白粉的自来水或深井水中溶解，再将红糖或糖蜜掺入，混合均匀。之后均匀喷洒在发酵饲料中，边拌边洒，使含水量达到手捏成团、落地即散的程度。再将拌好的发酵饲料装入塑料桶、陶瓷缸或水泥池内，压实，用直径2～3厘米的木棒在发酵饲料中打孔，将孔打到底，用木板或薄膜盖好，自然发酵。一般25℃以下发酵4～5天；25℃以上则2～3天即可。发酵是在厌氧条件下进行，装料时原料一定要压紧、压实，否则发酵饲料质量会降低，香味不浓，颜色变成暗褐色。还要严格控制发酵时间，料以发酵至具有浓郁的酒、酸、香、甜味为好。一般夏、秋季发酵 3 天左右，冬春季节发酵 5 天左右。

45 配制种鹅发酵饲料常用的菌种有哪些？

目前广泛使用的益生菌有芽孢杆菌、乳酸杆菌、粪链球菌、酵母菌、黑曲霉和米曲霉。其中，乳酸杆菌为肠道内正常菌群成员之一，有产酸、耐酸、产抑菌素的作用。芽孢杆菌具有较高的蛋白酶、脂肪酶和淀粉酶活性，可明显提高动物生长速度和饲料利用率。酵母菌类可为动物提供蛋白质，帮助消化，刺激有益菌的生长，抑制病原微生物繁殖，提高机体免疫力和抗病力。

（1）乳酸菌制剂　此类菌属是动物肠道中的正常微生物，作为饲料添加剂应用较多的是嗜酸乳杆菌、双歧杆菌和粪链球菌等，其中包括乳酸菌发酵饲料、乳酸菌粉及乳酸菌提取物。该类制剂应用最早，种类最多，但该类制剂都是厌氧菌，活菌存活率低，又由于生产技术、工艺水平的限制，在产品加工和贮运过程中，易受干燥、高温、高压、氧化等不良环境的影响，导致产品贮存期短，质量不稳定，进而影响饲喂效果。

（2）芽孢杆菌制剂　此类菌属在动物肠道中存在数量极少，目前应用的主要是蜡样芽孢杆菌、枯草芽孢杆菌、巨大芽孢杆菌和地衣芽孢杆菌等。中国、日本、意大利和苏联等均有用芽孢杆菌作防病、治病及饲用微生态制剂的研究报道。与其他微生物制成的制剂有显著不同，芽孢杆菌产品以内生孢子的形式存在，能耐受胃内酸性环境，对饲料加工、贮运过程的干燥、高温、高压、氧化等不良环境因素的抵抗力强，稳定性高，并有很强的蛋白酶、脂肪酶、淀粉酶活性，能降解植物饲料中一些复杂的化合物。

（3）酵母类制剂　此类菌属在动物肠道内的存在量也极少，目前常用制剂主要有啤酒酵母、假丝酵母菌等培养物。它可为动物提供蛋白质，帮助消化，刺激有益菌的生长，抑制病原微生物的繁殖，提高机体免疫力和抗病力，对防治畜禽消化道系统疾病起到有益作用。此类制剂也易受干燥、高温、高压、氧化等不良环境因素的影响，造成活菌数下降，产品的贮存期短，质量不稳定，影响饲喂效果。

（4）复合菌制剂　活菌制剂根据菌株的组成又可分为单一菌剂和复合菌剂，单一菌剂的研究和开发较多，目前的发展趋势是研制复合菌剂。复合菌剂能适应多种条件和宿主，比单一菌制剂更能促进畜禽的生长和饲料转化率的提高。

46 发酵饲料制作应该注意哪些问题？

当前，研究发酵饲料所选用的原料有多种，不同的原料发酵后饲喂效果存在明显差异，发酵饲料的原料配比仍需进一步的研究。

（1）发酵配方的选择　不同原料组成影响发酵饲料的饲喂效果，一般以两种或两种以上植物性饲料原料为发酵底物，根据饲料原料特点，通过过筛、粉碎、混合等方式加工成适于发酵的状态。固态发酵总水分一般不高于50%，液态发酵总水分不低于70%。

（2）发酵剂的选择　发酵剂是影响发酵饲料饲喂效果的一个极为关键的因素。发酵剂由微生物菌种或酶制剂组成，不同配比的原料通过菌或菌酶协同发酵培养。按照发酵原料的种类和重量，计算出加水量和发酵剂用量，在洁净的容器中混合均匀，配制成发酵菌液，可直接使用或活化后使用。

（3）发酵模式的选择　发酵模式分为好氧发酵和厌氧发酵。发酵设施包括发酵槽/池、发酵罐、发酵塔、发酵车（箱）、发酵袋、发酵桶等。环境或物料温度控制在20～40℃，发酵时间一般不低于24小时。好氧发酵时间一般不超过4天，发酵饲料成品需严格包装，用扎带封口，防止暴露与空气中时间过长引起发霉。

47 什么是预发酵混合饲料？

预发酵混合饲料是采用液态发酵技术获得高纯度、高浓度的单一菌种，再合理配比多菌种、多原料，实施多菌多原料一次性固态发酵，产生富含丰富的有益菌和各类功能性代谢产物的生物饲料。

48 *如何制作预发酵混合饲料？*

预发酵混合饲料是采用玉米、豆粕、麦麸等植物性饲料原料科学配伍组成发酵基质，再接种精心筛选的芽孢杆菌、酵母菌和乳酸菌等功能活菌，经严格的发酵过程控制而得到的融合了活菌、基质分解物、活菌代谢产物的混合物。

49 *预发酵混合饲料与其他发酵饲料相比有何优势？*

预发酵混合饲料对比其他发酵饲料的优势见表4-4。

表4-4 部分发酵饲料的营养对比

项目	预混合发酵饲料	发酵豆粕	酒糟	发酵酒糟
发酵菌种	以乳酸菌为主的复合菌种	枯草芽孢杆菌、纳豆芽孢杆菌、米曲霉或黑曲霉等高产蛋白酶的真菌	无	酵母菌
发酵底物	以玉米、豆粕为主的大配方原料	豆粕	无	白酒糟
干湿度	湿	烘干（无法控制发酵杂菌）	干/湿	烘干（无法控制发酵杂菌）
不发霉控制技术	有	无	无	无
价格（元/吨）	4 200/3 800	高于豆粕1 000左右	1 000 以内（以干为主）	2 600
水分	40%	9%	12%	12%
气味	浓郁的酸香味	无特殊味道	酒精味	—
耐温性	可制粒	可制粒	可制粒	可制粒

（续）

项目	预混合发酵饲料	发酵豆粕	酒糟	发酵酒糟
溶解性	30%可溶于水	不溶于水	不溶于水	不溶于水
粗蛋白质	18%以上（以干物质计）	48%～55%（发酵过程中的干物质损失10%以上，因而蛋白的含量会升高）	28%（纤维性蛋白）	总蛋白20%，其中酸溶蛋白5%
总有机酸	5%	无	无	无
总益生菌	1亿个菌落形成单位/克	无	无	无
pH	3.8～4.5	无	无	无
总寡糖	5%	无	无	—
小肽	2万道尔顿以下小肽13%	1 000道尔顿小肽70%	无	无
使用方案	直接在全价饲料的基础上添加5%～10%	正常替代10%豆粕	替代麸皮	—

第五章　后备种鹅培育

要获得良好的种鹅生产性能，不仅需要对生产种鹅本身给予良好的饲喂和做好其他各项生产操作，而且必须重视和做好后备种鹅的培育工作，需要利用体质健壮、生殖器官发育良好、无传染性疫病等的后备种鹅进行生产。虽然行业中许多小规模个体农户仍然从其他饲养户的商品肉鹅群中挑选后备种鹅，但为了提高种鹅的生产性能，必须防止种鹅遗传种质的混杂，特别是必须要防止各鹅场之间传染性疫病的传播，以及恶劣养殖环境导致的体况瘦弱等问题，必须从雏鹅阶段就采用良好的生产程序和环境控制手段培育后备种鹅。

50 雏鹅选留的要求准则是什么？

首先要根据当地或目的雏鹅销售市场的要求，选留所需目的品种的雏鹅。其次是要根据雏鹅市场价格变化及鹅场饲养户自身技术条件，选留雏鹅品种。如广东省一般仅饲养当地马冈鹅、清远鹅、狮头鹅等灰羽鹅种，但是也有小部分饲养户饲养白羽鹅种如阳春白鹅和浙东白鹅，专门用于供应白羽雏鹅价格高的海南市场。而且广东省一些原来饲养马冈鹅的农户，在掌握了鹅反季节繁殖技术和环境控制技术的基础上，为解决马冈鹅养殖竞争激烈、赢利下降的问题，决定选择养殖狮头鹅或白沙杂种鹅并开展反季节繁殖生产，获得了比以往更高的经济回报。

要根据全年生产安排计划选留雏鹅。一般体型较小的鹅种于150～160日龄即开产，较大型的鹅种将于210日龄左右开产，一些更大型的鹅种将于更晚日龄开产。因此需要根据后备鹅的生长培育时间，相应提前选留雏鹅。如江苏地区春季3、4月为雏鹅孵化高峰期，此时雏鹅较为便宜，因此许多饲养户都在此时选留雏鹅，但这时选留的雏鹅一般要到7月龄时在秋季11月才开产，其繁殖孵化出的雏鹅价格较低。为了提高雏鹅价格，就必须使之提前到9月开产，一个简单的做法就是在冬季1月就选留雏鹅。

有些饲养户利用生长快、肉质好的父本品种与产蛋多的母本品种进行杂交，需要在选留体型小的母本雏鹅之前1～2个月就选留体型大的父本雏鹅。同时，还需要注意必须选留有相同或相似繁殖季节的鹅种，如浙东白鹅和狮头鹅等，可以选留作为父本与同是短日照繁殖的四川白鹅进行杂交，而不能同长日照的豁眼鹅和霍尔多巴吉鹅进行杂交。但浙东白鹅可以与扬州鹅和泰州鹅进行杂交。

在雏鹅选留的具体工作中，还需要注意选留具有以下健康标志的雏鹅：绒毛细长、洁净、有光泽、腿翅无残缺或畸形、尾净无秽；腹软脐下、大小适中、体态均匀、卵黄吸收良好、脐带收缩完全、无脐伤、脐部周围无血迹和水肿；眼明有神、行动活泼、叫声洪亮、反应灵敏；用手握住其颈部并提起雏鹅时，两脚能迅速收缩并挣扎有力；将雏鹅仰翻放置，雏鹅能迅速翻身起立。另外，不得购买未经接种疫苗或防疫的雏鹅，更不能从疫病流行地区购进雏鹅。

51 育雏指哪个阶段？有哪些关键工作？怎样才能做好？

鹅从孵化出壳到28～30日龄，为雏鹅阶段，这一时期的养殖即育雏，其中最为重要的工作是保温。雏鹅个体小，相对体重的身体表面积大，同时羽毛未长齐全，热量容易散失；而且此时体内热量产生相对不足，体温调节机制和其他生理机能都不健全，对外界温度的骤变及不良环境因素适应能力差，因此需要给予温暖、清洁、无毒无害的生活环境。这需要通过提供人工保温和良好的通风设施实现。良好的育雏工作，可以很好地促进雏鹅的生长发育，特别是避免雏鹅"痛风"病的发生，对提高成活率、育成鹅的体况质量和种鹅的生产性能等都有很好的促进作用。

（1）选好育雏人员　人工育雏是一项艰苦而细致的工作。因此，育雏人员必须懂得一定的养鹅知识，对工作要认真负责。如果是新手，则必须进行技术培训。

（2）对育雏舍严格消毒　育雏室要求温暖干净，保温性能良好，空气流通，无贼风。进雏鹅前要检查育雏室，整修门窗及育雏设备。进雏鹅前2～3天，清扫育雏室并用消毒药液消毒，墙壁用2%石灰乳、0.1%新洁尔灭或3%～5%来苏儿涂刷；地面用5%漂白粉混悬液或0.5%消毒灵喷洒消毒。密封条件好的育雏室可熏蒸消毒（每立方米空间用高锰酸钾15克、福尔马林30毫升），密封熏蒸48小时；饲料盆、饮水器等先用2%的氢氧化钠溶液喷洒或洗涤，或用0.1%的高锰酸钾溶液浸泡5～10分钟，然后用清水冲洗干净；垫料等使用前在阳光下暴晒1～2天。

准备好足够的饲料和垫料。在接雏前3天，应把垫料铺好，并保持清洁干燥，安装好育雏器，调整好育雏室和育雏器内的温度，检查并修好育雏室的门窗、隔栅、围篱，堵塞鼠洞，防止兽害。育雏室门口应有消毒设施，而且必须经常更换，以保持消毒药效。

（3）正确运输雏鹅　初生雏鹅毛干后即可装箱运输。可用塑料、竹制或纸质箱筐将雏鹅分箱盛放装车。运输车辆最好用保温车，车内温度应以25～28℃为宜；运输路程应以4小时之内到达为宜。过长时间的运输中要防贼风侵袭，不能过度颠簸造成雏鹅拥挤、惊吓。

（4）适宜的温度　雏鹅早期生长各阶段所需的环境温度见表5-1。从雏鹅的行为可以感知温度是否适宜。在适宜的温度下，鹅只在栏内分布均匀，表现良好的精神和食欲，同时休息时则较为安静。

表 5-1　育雏舍温度

日　龄	1～5	6～10	11～15	16～20	21～30
需要温度（℃）	27～29	25～26	22～24	18～22	逐渐向环境温度过渡

温度过高时，雏鹅四处散开，张口呼吸、饮水量增大。长期高温会造成雏鹅严重脱水，引起大量死亡（切忌超过32℃）。

①保温：当温度过低时，雏鹅有的靠近热源，有些扎堆在一个角落，容易造成个别雏鹅堆在底层发生缺氧窒息，或者无法走出鹅堆采食导致饥饿死亡，也有许多被挤堆在中央的雏鹅因无法饮水而易发痛风病。不宜对因舍温过低堆挤的雏鹅频繁驱散，经过驱散的鹅群会在几分钟后再次打堆，而且堆中的雏鹅因温度高会出汗，使羽毛变湿，驱散开后热量易散发，体表温度更低，给雏鹅带来恶性循环。此时最好的办法是升高舍内温度。需要指出的是，出壳48小时以内的雏鹅，一般都放在塑料、竹制或纸质雏鹅箱筐中，群体数量不超过50只，在舍内温度26～28℃时发生打堆可不处理。雏鹅在干毛潮口、开食后，温度适宜时会自然散开。

多数养鹅场采用电保温或燃料（煤、天然气、沼气）保温，需要根据不同季节和鹅舍不同结构等因地制宜采用合适的保温方式。在夏季或多层育雏鹅舍，由于夏季气温高或育雏鹅舍空间小，可采用电保温方法。电保温可保持局部小环境温度恒定，优势是安全、稳定、清洁。

在长江及长江以北地区的冬季，一般采用大棚育雏，需要维持整个舍内环境温度的恒定，一般采用燃烧加热方式保温，如使用热风炉等设备给雏鹅舍加温。燃烧保温的优点是给鹅舍整体加温，温度比电加热均匀；缺点是设备放在舍内，容易造成一氧化碳中毒、局部温度过高。另外，一种新型的热风炉，加热效率、均匀度和安全性得到全面提高，其工作原理是：热风炉包括双层内胆，最内侧小鼓风机加快炉内风速，加速燃烧，提高内胆温度，夹层热量被另一个鼓风机送风到保温舍内，通过出风口和辐射方式将热量散出来，结构原理见图5-1。最新的取暖设备为燃气辐射采暖器，可以装在舍内燃烧天然气并将热量均匀辐射至舍内，热能的利用率最高，也不产生一氧化碳。

②脱温：无论采取哪种保温方式，雏鹅20日龄后，应结合舍外环境温度，逐渐向舍外温度过渡，逐渐脱温，在雏鹅的28～30

日龄后完全脱温。注意在天气出现剧烈变化时，要适当补温或通风，从而使雏鹅逐渐适应环境温度的变化。

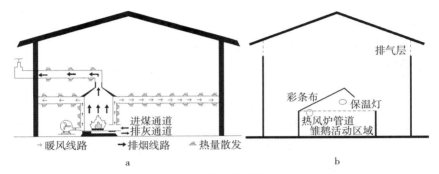

图 5-1 育雏舍中保温方式

a. 显示燃烧加温中暖风炉的烟气与热风的输送及管道走向

b. "屋中屋"型保温育雏做法示意图

（5）适宜的湿度 湿度过高或过低均影响雏鹅的生长发育。湿度过大将导致雏鹅羽毛潮湿，继而会引起雏鹅过早的啄癖，大大降低生长速度和成活率。要求育雏室应建在地势较高、排水畅通的地方，室内门窗不宜紧闭，适当通风透光，室内相对湿度维持在60%～70%为宜，保持地面干燥。对于育雏栏内的吸湿麻袋要经常更换，以免潮湿发霉腐烂。

（6）鹅雏防疫

①疫苗接种：要严格按照雏鹅的免疫程序进行防疫接种，有效防止各种传染性疾病的发生。同时要科学操作，严格消毒。1日龄注射小鹅瘟高免"三联"血清或小鹅瘟高免血清，每只肌内注射0.5～1毫升，有母源抗体的雏鹅暂不注射。7～10日龄，每只鹅接种禽流感疫苗（H5N2株），22日龄接种禽流感和副黏病毒病（H9株型流感疫苗＋LaSota）二联疫苗。

②其他防疫措施：要经常打扫场地，更换垫料，保持育雏室清洁干燥。每天清洗饲槽和饮水器，消毒育雏环境。经常在饲料中加入适量的抗生素、维生素等药物饲喂雏鹅，提高鹅的抗病力，预防

传染性疾病的发生。适时驱除体内外的寄生虫。饲料的配制需注意日粮的营养平衡。在雏鹅饲养期间，要注意观察鹅群健康状况，若发现个别雏鹅在采食、饮水、精神和行动方面表现异常，要单独隔离仔细观察，病鹅要立即隔离治疗，不能治愈的病鹅、死鹅等要采用焚烧、深埋等措施处理，防止病原扩散，危及全群安全。

52 如何解决育雏阶段通风和保温的矛盾？

雏鹅的新陈代谢旺盛，呼出的二氧化碳量较大，而且雏鹅粪便中有 20%～25% 未消化吸收的营养物质，这些物质在一定条件或细菌作用下分解，产生大量的有害气体，其中包括氨气、硫化氢和二氧化碳等，从而使舍内的空气质量下降，影响雏鹅的正常发育。另外，燃煤加温的鹅舍中，由于炭的不充分燃烧或漏气还会产生大量的一氧化碳，产生的粉尘会携带病菌，易传播疾病并损害皮肤、眼结膜、呼吸道黏膜，危害雏鹅的健康和生长。要做到舍内空气新鲜，就必须注意通风换气。

在正常情况下，舍外温度尤其是在晚上低于雏鹅适宜的环境温度时，育雏需要考虑到通风换气的同时也要考虑舍内温度的变化。通风前可将舍内温度提高 1～2℃，根据鹅的不同日龄调整通风时间，日龄小的雏鹅通风时间短，日龄大的雏鹅通风时间略长。在雏鹅 3～4 日龄，天气晴朗时的中午可稍微开启门窗进行通风换气，换气量大小根据鹅的身体状况和精神状态决定。天气冷或阴雨天气可边加热边开启门窗进行通风换气，从而降低温度对雏鹅的应激。随着雏鹅日龄的增加，逐渐降低育雏舍的温度，使雏鹅逐渐适应外界温度，加大通风换气量和换气时间，直至雏鹅完全脱温。

夏季育雏时，舍内外温度均超过 30℃，持续高温容易使雏鹅脱水。为降低鹅舍温度，还需要另外增加风扇排风。由于雏鹅体温调节能力差，通风时应注意风速不宜过大，不宜有贼风，同时要给予雏鹅充足、洁净的饮水。

夏季气温高，只要不是阴雨天气，3 日龄后，每天都可以赶雏鹅出舍晒太阳。在非结冰的寒冷天气，也可采用"屋中屋"保温育雏（图 5-1）。在大屋中加盖小层，大屋顶上不需密封以便排气，在污浊的热气向上走时，从鹅舍两侧靠自然风排到外界。小屋中隔成 3 米^2 的小格子并垫高 35～40 厘米，每小格饲养 30 只雏鹅。热风炉加热保温时，根据鹅群状态调整小屋屋顶开启幅度，一般到 5 日龄时彩条布就可完全打开。保温过程中，每隔 1～2 天要将陈旧潮湿垫料铲走，更换新垫料一次。

53 雏鹅怎样开水、开食？何时可以下水游泳？

（1）雏鹅的饮水　"初饮水，后进食"的养鹅谚语，指在购买、接收雏鹅之后，必须在给予饲料之前先给予饮水。雏鹅开食前的饮水称"开水"或"潮口"。

饮水之前，一般还需要在放置鹅雏前 2 小时左右，对育雏舍进行预加热，在饲养条件完备后准备好饮水，初次给予的饮水温度以 25℃左右为宜，并应在其中加入 0.05％的高锰酸钾、0.5％～1％的葡萄糖、适量的维生素 C，以利于清理胃肠，刺激食欲，排出胎粪，吸收营养。

在雏鹅放置舍内并休息 1 小时后，就可开始给鹅进行饮水训练。将雏鹅嘴先按在饮水器上，与水接触。在少量雏鹅先学会饮水后，其他雏鹅很快就会效仿。开饮后饮水器中的水要保持充足。所用饮水器或饮水槽宜浅，上加罩栏，防止雏鹅戏水沾湿绒毛。

（2）雏鹅的开食　根据鹅雏的引进时间情况，一般在出壳后 24 小时左右、卵黄充分吸收、排出胎便之后即可开食。此时 60％以上的雏鹅已经学会饮水，并且一部分雏鹅出现互相啄食的现象，此时要饲喂开口料任其自由采食。

开口料可以选择雏鹅配合饲料或颗粒碎料，加少许切碎的青绿饲料，掺入适量水，以捏得拢、松手后散开为度。方法是将开食料撒在塑料薄膜或草席上，引诱雏鹅自由采食。第一次开食时不要求雏鹅吃饱，只要能吃进一点饲料即可，每 2～3 小时饲喂 1 次；2～10 日龄雏鹅每天 6～9 次；10～20 日龄雏鹅每日 6 次；20 日龄以上雏鹅每天 4 次，并在夜间补喂 1 次。精饲料和青饲料的比例 10

日龄前为 1∶2，10 日龄后的比例为 1∶4。饲喂要做到少给勤添、定时和定量。要求饲料新鲜清洁，不能用发霉变质的饲料、喷过农药的草料，不喂水分含量过高的饲料。

（3）雏鹅放水　对于饲养 7～20 日龄的雏鹅，在天气晴朗的中午可将其放入含少量水的水池嬉戏玩耍，以适应水温。玩耍时间不宜过长，以每天 1 小时左右为宜。待雏鹅的绒毛逐渐长出，换掉黄色绒毛，可以适当延长水上玩耍时间，在雏鹅长出羽毛前，水位高度不宜超过雏鹅的腿部。要注意，在雏鹅水上戏耍活动之后，需要换掉脏水，以避免其中的粪便和绒毛等腐败，造成病菌感染。

54 怎样给雏鹅饲喂青绿饲料？何时开始饲喂？有哪些注意事项？

雏鹅开食后 2 小时即可饲喂青饲料。根据雏鹅的营养需要和消化特点，在雏鹅阶段进行精料和青饲料的结合饲喂，往往可促进雏鹅生长，减少疾病特别是"痛风"病的发生。饲喂青饲料可补充 B 族维生素和微量元素，同时还可有效缓解雏鹅啄癖。青饲料选择以青绿多汁的新鲜嫩草或菜叶为宜。

以下为饲喂青饲料的 3 点注意事项。

（1）青饲料饲喂量开始不宜太多　雏鹅消化能力差，在保证精饲料摄入充足的情况下，将青饲料切碎撒在料盘上饲喂，任其自由啄食。随着日龄的增加，青饲料的饲喂量可以与精饲料持平。

（2）应避开有露水的时间刈割青草　如在雨天，则需将收割后潮湿的青草先晾干再饲喂，或者切碎后与精饲料拌喂，以防止雏鹅采食后引发腹泻等肠道疾病。

（3）饲喂频率　每天不低于 3 次，白天 2～3 次，晚上 1～2 次。

55 如何防止育雏鹅发生啄羽等啄癖？

啄羽属于家禽异食癖的一种表现形式，家禽的异食癖除了啄羽，还包括啄肛、啄蛋、啄肉、啄趾等不良癖好。异食癖主要指由于营养代谢机能紊乱、味觉异常及饲养管理不当等引起的一种非常复杂的多种疾病综合征，同时也与遗传和疾病有关。不同品种、日龄的家禽均可发生，鹅也是一样，尤其是在育雏期和育成早期更容易发生，可能是由于这些阶段鹅羽毛都为丝状蓬松状态，其皮肤易受环境脏物或不良因素刺激致敏，使鹅欲通过"挠痒"平息不良感觉，从而导致羽毛脱落。严重时甚至损坏皮肤造成伤口，导致体液或血液渗出，其咸味感觉将进一步招致其他鹅竞相舔尝，进一步造成啄肉、啄肛等问题。而当鹅成年羽毛生长齐全，能够伏贴紧密保护皮肤时，一般较少发生啄羽、啄肉的情况。

鹅在育雏期和育成早期出现啄羽，主要是饲养管理过程中的管理不当使鹅出现应激所导致，包括饲养密度过大、通风不足、舍内空气质量差、湿度过高、光照过强、场地卫生条件差等原因。加强通风，降低舍内湿度、氨气浓度和病原及毒素数量等，改善舍内空气质量，将有效提高鹅舒适度，避免其发生相互攻击和啄羽行为。因此，可以从造成啄癖的几个因素入手来解决或避免这一问题。

（1）光照 光线过强或光照时间过长将使雏鹅表现出兴奋不安和乱窜；温度过高、湿度过大，使雏鹅长期不能休息，极易造成雏鹅烦躁，引发啄癖。笔者在养鸡场调研中曾发现，笼养种鸡靠近灯光的种鸡羽毛较少，离光源远的种鸡羽毛相对整齐，鹅也应该是同样的道理。一般建议1～5日龄24小时光照，之后每天缩短1～2小时直至自然光照，使雏鹅有足够的休息时间，光照度控制在20～40勒克斯。

（2）温度和湿度 育雏舍内温度过高，雏鹅饮水量增加，饮水、戏水会弄湿羽毛，羽毛变湿从某一小部位开始，家禽的视觉敏感，雏鹅对异样部位好奇，被啄伤的部位越来越大，自己啄和相互啄的现象都有。低温时，雏鹅易打堆，中间热的雏鹅部分部位出汗羽毛变湿，加之雏鹅舍通风差，舍内湿度过大，雏鹅戏水弄湿羽毛，极易引发啄癖。具体温度参见问题51。

（3）密度和通风 单位面积承载雏鹅过多，造成雏鹅的拥挤，鹅群开始烦躁不安，群体内因采食位置和饮水位置不足而引起争斗，个别雏鹅被啄伤，相互争抢导致啄癖迅速扩散，倚强凌弱，个体生长速度出现差距，群体整齐度下降。饲养密度大的同时若通风不足，湿度极易升高，造成啄癖。因此，要严格按照问题56建议的程序不断降低雏鹅养殖密度，同时在雏鹅生长过程中逐渐脱温，在保持鹅舍温度的同时适当通风换气。

（4）饲养环境　若育雏舍内氨气、硫化氢、二氧化碳等有害气体含量超标，煤炉保温的鹅舍可能还会有一氧化碳超标，有害气体通过呼吸道进入体内，破坏大脑神经，导致雏鹅生理平衡紊乱，影响机体健康，诱发无意识啄癖。

（5）应激　雏鹅的转群、清理舍内卫生、更换饲养员、驱赶下水、免疫接种都会造成雏鹅紧张，饮水、采食均受到影响，使雏鹅群产生应激反应发生恶性争斗，引发啄癖。

（6）疾病　当雏鹅患球虫病、大肠杆菌病、副伤寒等疾病引起消化不良时，肛门周围羽毛被粪便、污物沾污、结痂，极易引起雏鹅啄羽、啄肛。

（7）蛋白质缺乏　日粮中蛋白质含量低、食盐不足，能量饲料含量过高或缺少动物蛋白是发生啄癖的主要诱因。在配制雏鹅饲料时，应注意蛋白质原料的质量和氨基酸的平衡，含硫氨基酸不少于0.5%。

（8）矿物质含量不足　日粮中钙、钠、磷、硫、锌、铜、铁等元素不足或钙、磷的比例失调都会导致雏鹅发生啄癖。另外，锰、硒、碘等微量元素缺乏或比例不当也会发生啄癖。

（9）维生素缺乏　饲料中缺乏维生素 B_2 会引起雏鹅生长发育不良，羽毛生长减慢，易掉毛，引起自食羽毛。生物素缺乏会引起雏鹅干爪发生皮炎，头部、嘴角等部位皮肤发生角质化，诱发啄癖。维生素 A 缺乏时，雏鹅皮肤粗糙、开裂、皮屑增多；长期缺乏，易发生啄癖。日常管理中在饲料中适当添加复合 B 族维生素和鱼肝油，并在饮水中添加多维或电解多维，尤其是维生素 E 和维生素 C，也有利于降低鹅的应激，减少鹅群的啄羽现象。

（10）青饲料缺乏　鹅是草食动物，日常饲料中若缺乏青饲料，粗纤维含量降低，则易引起肠道蠕动减慢，发生消化不良，诱发啄癖。日常操作过程中，一般将刈割来的青草用绳子扎成小捆，吊在距鹅头 10～15 厘米的高度以吸引雏鹅啄食，既分散了雏鹅的注意力，又补充了雏鹅所缺乏的维生素和微量元素等营养。

56 如何提高育雏鹅的成活率？

（1）育雏舍的充分准备　育雏前，对育雏鹅舍内外进行彻底清洗和消毒，育雏舍的消毒方法参见问题 51。

（2）适宜的温度条件　因为雏鹅的生理特点，体温调节机制不完全，温度是雏鹅育成的关键因素，从育雏 1 日龄起，鹅舍温度从 29℃逐渐脱温，气温缓和下降，平稳过渡。勤观察鹅舍温度和雏鹅在鹅舍各部位是否均匀，雏鹅状态是否正常。

（3）适宜的湿度条件　湿度过高对雏鹅的健康和生长发育有不利的影响，适宜的湿度为 60％～70％。日常操作时，避免由于温度的不适造成雏鹅饮水量增加。舍内喂水切忌过满外溢。应经常打扫卫生，及时处理鹅舍内粪便或潮湿垫料。喂草时将嫩草晾干，避免造成鹅舍湿度的增加。

（4）合理的密度和分群　要保持合理的饲养密度和群体大小。育雏早期合理的饲养密度为 1～5 日龄每平方米为 20 只，以后每隔 5 天减少 5 只；21 日龄后，每平方米以 4～5 只为宜。同时，须将幼龄雏鹅分开在小栏内饲养，主要目的是避免低温导致的鹅群扎堆造成难以饮水、痛风及死亡问题，以降低非疫病性死亡率。

（5）合理的光照　理论上分析，光照处理似乎对雏鹅影响不大，但是实际操作过程中，1～5 日龄可 24 小时光照，之后每天缩短 1～2 小时，直至接受自然光照，并且光照度不宜过强，一般为 20～40 勒克斯。长时间持续接受高强度的光照会使雏鹅缺乏休息，烦躁不安，食欲下降和引发啄癖。

（6）喂料　雏鹅的喂料应坚持少给勤添的原则。1～5 日龄可以自由采食；6 日龄起适当限制饲养，保持每天 1～2 小时的空料时间；随着日龄的增大，15 日龄空料时间可达到 4 小时，同时要下调饲料蛋白水平（从 18% 下调至 15% 左右）。要避免早期长时间持续的自由采食造成体重过快增加，蛋白质代谢出现障碍，造成雏鹅痛风，严重影响雏鹅的成活率和后期的生长速度。痛风的问题在最近几年比较严重，与高蛋白低纤维饲料、养殖环境潮湿、细菌和内毒素污染密切相关。因此，在降低鹅舍湿度和加强管理的同时，适当限制雏鹅的饲喂量和降低饲料蛋白含量可有效防止痛风的发生。

（7）卫生管理和免疫　雏鹅育雏期最大的影响因素是湿度问题。加强卫生管理，及时清除潮湿垫料，保持鹅舍干燥是养好雏鹅的关键；雏鹅给料和饮水都要少给勤添，一般 2～3 小时就要观察一次鹅群，喂水喂料，采取一切措施清理鹅舍潮湿垫料（粪便），降低鹅舍内湿度和有害气体的含量。需要经常对鹅舍进行消毒，舍内保持干燥可以采用小剂量喷洒消毒，舍外周围则可以大剂量喷洒，预防疾病的交叉感染。

严格按照雏鹅的免疫程序进行防疫接种，有效防止各种传染性疾病的发生。同时要科学操作，严格消毒。必须通过改善养殖环境条件，减少病原、毒素和有害环境因子等的危害，结合合理的免疫程序，而非过度依赖注射疫苗来防疫，才能提高雏鹅的健康水平、抗病力和成活率。

从雏鹅至整个育成阶段的免疫程序如下：①于 1 日龄接种小鹅瘟高免血清或蛋黄液；②于 7 日龄接种禽流感疫苗 H5N2 株 1 次；③于 22 日龄接种 H9 禽流感与副黏病毒 LaSota 株的二联疫苗 1 次；④在 70～220 日龄的 5 个月的育成期内，每个月都接种禽流感 H5N2 株和 H9 禽流感与副黏病毒 LaSota 株的二联苗 1 次。在生物安全和环境控制良好的鹅场，环境中其他病原、毒素和有害气体等的污染危害风险较低，以上免疫接种程序可以有效保障育成鹅的健康，并使之成为具有良好生产性能的优质种鹅。

（8）管理　用心的管理是一切技术实施的核心。雏鹅的管理是整个种鹅饲养周期的关键，必须给予像婴儿一样的呵护。饲养员平常在鹅舍要勤观察，以高度的责任心养好雏鹅。经常打扫场地，更换垫料，保持育雏室清洁干燥。每天清洗饲槽和饮水器，消毒育雏环境。可以在饲养过程中添加适量的抗生素、维生素等药物饲喂雏鹅，提高鹅的抗病力，预防传染性疾病的发生。适时驱除体内外的寄生虫。

在雏鹅饲养期间，要注意观察鹅群健康状况，若发现个别雏鹅在采食、饮水、精神和行动上表现异常，应单独隔离仔细观察。病鹅要立即隔离治疗，不能治愈的病鹅、死鹅等要采用焚烧、深埋等措施处理，防止病原扩散，危及全群安全。

57 怎样饲养中鹅？管理要点是什么？

自 28 或 30 日龄起至 70 日龄的鹅称为中鹅，亦有人称之为生长鹅。中鹅的生理特点是对饲料的消化吸收力和对外界环境的适应性及抵抗力都较强，这一阶段是骨骼、肌肉和羽毛生长最快的时期。需要的营养物质也逐渐增加。此时，消化道容积增大，食量大，消化力强。为适应这些特点，中鹅的饲养主要有放牧饲养、放牧与舍饲结合两种方式，而舍饲或关棚饲养则很少。

（1）加强放牧　中鹅饲养的关键是抓好放牧。原因是放牧条件下所花饲料与工时最少，而且鹅可以享受充分的活动空间，有利于鹅采食到含维生素和蛋白质等营养丰富的青绿饲料。放牧也使鹅处于新鲜空气环境中，得到充足的阳光和足够的运动量，有利于其运动锻炼骨骼肌肉，促进机体新陈代谢、体质健壮，增强鹅对外界环境的适应性和抵抗力。放牧同时可以避免鹅在狭小空间活动遭受环境恶化的影响，从而培养良好的健康体质，为后备阶段的限饲和种鹅阶段的良好生产性能打下基础。

（2）放牧场地管理　放牧场地一般选择水草丰富的草滩、湖畔、河滩、丘陵和收割后的稻田、麦地。鹅白天在这些田地内采食野草、杂草，傍晚回到鹅舍或运动场继续采食饲料。目前，很多地方已经缺乏荒地供鹅放牧用，更多的农户则利用林地开展林下放牧，并在树林旁边建好养鹅塑料大棚，棚内外设置料盆、饮水管槽。林地实际上是一个范围巨大的运动场。林下放牧要特别注意避免下雨天造成雨水与粪便、泥土混合导致地面泥泞及有害菌繁殖污染带来的鹅染病死亡等问题。为此需要在晴天将林地下鹅粪便清扫干净，并经常性地使用新鲜泥土覆盖泥泞之处，或者多设几处饮水管槽，以避免溢水积聚和泥泞。

（3）合理分群　一般中鹅群体以500～800只为宜，也有更大群体达到每群1 200～1 500只。群体过大将使鹅在局部高度集中，不仅造成放牧地面上局部环境恶化，也使鹅群更难管理，出现大欺小、强凌弱的问题，影响鹅个体发育和鹅群均匀度。因此，可以将牧地或林地用围网分成多个片区，使鹅只更加均匀分散，避免感染病原微生物，避免弱鹅在采食时无力竞争而导致的日益消瘦和死亡问题。

（4）合理补饲　从雏鹅转到中鹅，鹅的生理特性发生了很大变化，即采食量增加、消化能力变强。中鹅首先调动所有的营养满足其羽毛生长的要求，然后再供其体格发育。所以，中鹅羽毛的生长速度是衡量饲养效果的标准之一。如出羽速度慢，羽毛光泽度差、蓬松，说明中鹅饲料的蛋白质含量低，应立即调整精饲料，提高其蛋白质含量和饲料浓度。反之，如果鹅粪便出现白色尿酸盐排出，则说明其中蛋白质摄入过多，需要降低饲料蛋白质含量和饲料浓度。中鹅饲养阶段也需要防止出现蛋白质摄入过多造成的反翅现象，母鹅反翅会导致公鹅无法爬胯交配，故反翅母鹅不能当种鹅使用。

中鹅严禁过肥，只要求体型大，民间称之为"吊架子"。如果出现中鹅粪便变细，表明腹腔和肠道储积脂肪，使肠道变细，不仅影响采食量，也严重阻碍体格发育。为防止中鹅过肥，须限饲或严格控制饲喂能量饲料，有条件的鹅场可以饲喂标准口粮，或以饲喂糠麸为主，掺以适量番薯、瘪谷和少量花生饼或豆粕等混合料，还要补给矿物质饲料，如骨粉1%～1.5%、贝壳粉2%、食盐0.3%～0.4%，以保证骨骼的正常发育生长。

一般来说，30～50日龄时，每昼夜饲喂5～6次；50～70日龄时，每昼夜4～5次。其中夜间喂2次。每日补料量，中、大型鹅种每只150～250克，小型鹅种每只100～150克。在此基础上，也可以适当补充青饲料。

（5）鹅舍管理　鹅虽是水禽，但鹅很喜爱清洁干爽的环境，因此，鹅舍一定要经常打扫，保持干爽。除开放式鹅舍外，其他鹅舍要考虑到舍内的通风。在舍内除设置料槽外，还要放置水槽并保持清洁。水槽内要保持有清洁的饮水。经常更换垫料及清除鹅粪，以保证鹅舍的清洁卫生。鹅群休息时，要保持安静，以免惊群。入舍后，最好将鹅群分隔成若干个小群，以减少相互间干扰。

（6）检查及转群　中鹅的育成率应在90％以上，生长发育情况可以从体重和羽毛着生状况来判断。一般来说，10周龄时育成的中鹅，大型品种的体重为5～6千克，中型品种为3～4千克，小型品种为2.5千克左右。育成的中鹅，第一次换羽通常达到"交翅"（又称为"剪刀翅"）的程度，即两翅膀大羽在尾部交叉起来。

通过中鹅阶段认真地放牧和饲养管理，一般长至70～80日龄时，就可以达到选留后备种鹅的体重要求。此时应把品种特征典型、体质结实、生长发育快、羽绒发育好的个体留作种用。从质量上，后备种公鹅要求体型大，体质结实，各部结构发育均匀，肥度适中，头大小适中，两眼有神，喙正常无畸形，颈粗而稍长，胸深而宽，背宽长，腹部平整，腿粗壮有力、长短适中、距离宽，行动灵活，叫声响亮。后备母鹅要求体重大，头大小适中，眼睛灵活，颈细长，体型长而圆，前躯浅窄，后躯宽深，臀部宽广。

在数量上，选留公鹅要比实际需要数量多20％～30％，以在淘汰各种原因造成的伤残公鹅时留有余地。

58 怎样做好育成鹅的培育工作？

从70日龄左右到开产前2个月左右为鹅的育成阶段。育成阶段的工作重点是进行限制性饲喂，其目的在于控制体重，防止体重过大、过肥，避免体内脂肪产生的瘦素抑制性腺发育和功能，使之能够适时性成熟，并在性成熟后表现良好且持久的产蛋性能和种蛋受精率。利用粗饲料限制饲喂，还可训练鹅的耐粗饲能力，育成有较强体质和整齐度的种鹅，降低种鹅淘汰率，延长有效利用期，节省饲料，降低成本，达到提高饲养种鹅经济效益的目的。育成期种鹅根据其生理特点，一般分为生长阶段、控料阶段和恢复饲养阶段。限制饲养应根据每个阶段的特点，采取相应的饲养管理措施，以提高鹅的种用价值。

（1）生长阶段　指鹅70～120日龄这一时期。此时期的青年鹅处于生长发育时期，而且还要经过幼羽更换成青年羽的第二次换羽时期。这时期需要较多的营养物质，不宜过早进行粗放饲养，应根据放牧场地草质情况，逐渐减少饲喂次数，并逐步降低补饲日粮的营养水平，使青年鹅机体得到充分发育，以便顺利地进入控料饲养阶段。

（2）控制饲养阶段　一般从120日龄开始至开产前50～60天结束。

1）控制饲养的目的　后备种鹅经第二次换羽后，如供给足够的饲料，经50～60天便可开始产蛋。但此时由于鹅的生殖系统发育尚未完成，个体间生长发育不整齐，将导致开产时间参差不齐，加上吃料多、营养好的鹅可能过早开产，使前期所产蛋较小、受精率低，达不到种用孵化标准要求，从而显著降低种鹅生产的经济回报。因此，这一阶段应对种鹅采取控制饲养，使之适时达到开产日龄，比较整齐一致地进入产蛋期。

2）控制饲养的方法　目前，种鹅的控制饲养方法主要有两种，一种是减少补饲日粮的喂料量，实行定量饲喂；另一种是控制饲料的质量，降低日粮的营养水平。鹅以放牧为主，所以大多数采用后者，但一定要根据放牧条件、季节及鹅的体质，灵活掌握饲料配比和喂料量。这样做既能维持鹅的正常体质，又能降低种鹅的饲养费用。

在控料期应逐步降低饲料的营养水平，每日的喂料次数由3次改为2次，尽量延长放牧时间，逐步减少每次的喂料量。控制饲养阶段，母鹅的日平均饲料用量一般降低至生长阶段的50%～60%。饲料中可添加较多的填充粗饲料（如米糠、曲酒糟、啤酒糟等），目的是锻炼鹅的消化能力，扩大食道容量，后备种鹅经控料阶段前期的饲养锻炼，放牧采食青草的能力增强，在草质良好的牧地放牧，可不喂或少喂精饲料；在放牧条件较差的情况下，在中午和傍晚补喂料 2 次。

控制饲养阶段，无论给食次数多少，补料时间应在放牧前 2 小时左右，以防止鹅因放牧前饱食而不采食青草；或在收牧后 2 小时补饲，以免养成收牧后即有精饲料采食，急于回巢而不大量采食青草的不良习惯。

3）控制饲养阶段的管理要点

①注意观察鹅群动态：在控制饲养阶段，随时观察鹅群的精神状态、采食情况等，发现弱鹅、伤残鹅要及时剔除，进行单独的饲喂和护理。弱鹅往往表现为行动呆滞，两翅下垂，食草没劲，两脚无力，体重轻，放牧时落在鹅群后面，严重者卧地不起。对于个别弱鹅应停止放牧，进行特别管理，可喂以质量较好且容易消化的饲料，至完全恢复后再放牧。

②放牧场地：应选择水草丰富的草滩、湖畔、河滩、丘陵，以及收割后的稻田、麦地等。放牧前，先调查牧地附近是否喷洒过有毒药物，否则，必须经 1 周以后，或下大雨后才能放牧。

③注意防暑：种鹅育成期往往处于 5—8 月，气温较高。放牧时应早出晚归，避开中午酷热。早上天微亮就应出牧，上午 10 时左右将鹅群赶回圈舍，或赶到阴凉的树林下让鹅休息，到下午 3 时左右再继续放牧，待日落后收牧。休息的场地最好有水源，以便于饮水、戏水、洗浴。

④搞好鹅舍的清洁卫生：每天清洗食槽、水槽，更换垫料，保持垫草和舍内干燥。

（3）恢复饲养阶段　经控制饲养的种鹅，应在开产前 30 天左右进入恢复饲养阶段。此时种鹅的体质较弱，应逐步提高补饲日粮的营养水平，并增加喂料量和饲喂次数。日粮蛋白质水平控制在 15%～17% 为宜。经 30 天左右的饲养，种鹅的体重可恢复到控制饲养前期的水平。种鹅开始陆续换羽，为了使种鹅换羽整齐和缩短换羽时间，节约饲料，可在种鹅体重恢复后进行人工强制换羽，即人工拔除主翼羽和副主翼羽。拔羽后应加强饲养管理，适当增加喂料量。公鹅的拔羽期可比母鹅早2周左右，以使后备种鹅能整齐一致地进入产蛋期。

59 怎样做好育成鹅的限制饲喂？

自由采食下的后备育成鹅，体重增长快，大部分鹅种在180日龄开产，在某些光照的配合下，个别品种在140日龄就可开产。种鹅过早开产有很多不良后果，如种蛋偏小、受精率低、出雏率低。产蛋母鹅体重过大、过肥，可导致脱肛比例增加、无产蛋高峰或产蛋高峰维持时间短等。未限制饲喂的鹅虽然会较早开产，并且前期产蛋数量也较多，但是整个繁殖期的生产性能将下降。为了有效控制鹅的性成熟、保持种鹅产蛋高峰和高峰持续时间、增加产蛋总量，同时也提高公鹅的繁殖性能，必须通过光照处理和对育成鹅进行限制饲养，使之在200～210日龄开产。

育成鹅的限制饲养应该注意以下几点。

（1）种鹅采食均匀　育成鹅的限制饲养阶段，鹅长期处于饥饿状态，食欲较强，因此必须保证足够的采食位置或采食时间（增加填充物比例）。一般在实际生产中保证每只种鹅都能均匀得到采食位置是不现实的，因此必须在精饲料中增加填充物的比例，并且搅拌均匀。一次喂料的采食时间以1～2小时为宜。

（2）隔日喂料　是将两天的饲料量放在一天饲喂，第二天空腹不喂食，此方法是有效控制采食均匀的一项措施。隔日喂料要注意限制喂料量在自由采食量的50%左右，同时喂料速度要快。有条件的鹅舍喂料前应将鹅赶出去，料添加好之后，再将鹅放进来，集中吃料。

（3）分群管理　将整个大群体按照性别和体重分为4个小的群体，公母分群，分群后的公母鹅，挑出20%左右低于群体均重较多的个体，集中小栏饲养，给予充足的饲料，饲喂1～2周后，将达到群体均重标准的个体放回大群饲养，其余个体继续自由采食2周，达到群体均重标准的个体放回大群饲养，经过4周自由采食仍不能达到群体均重的个体必须淘汰。

60 如何提高育成鹅的整齐均匀度？

要使种鹅产蛋高峰来得整齐，并能维持较长时间，控制育成鹅的整齐度十分关键。育成鹅整齐度分为体型外貌的整齐度和体重的整齐度（均匀度）。

（1）体型外貌的整齐度　自雏鹅阶段至育成期可分 2～3 次挑选，剔除不符合本品种体型外貌特征的个体，从而使群体外貌指数基本一致。

（2）体重的整齐度

1）提高育雏阶段鹅的体重整齐度　自育雏第一天起，就应保持合适的饲养密度并控制群体大小，一般控制在：1～5 日龄 20 只/米²，每过 5 天每平方米减少 5 只；21 日龄后，每平方米以 4～5 只为宜，之后至育成期都要根据品种体型大小，按 3～5 只/米² 的标准饲养。

对育雏鹅进行分栏饲养，可以给每只鹅充足的采食和饮水空间，不仅可保证群体不会因为环境温湿度不适宜造成扎堆压死的现象，而且可保证弱小个体能够获得足够的饲料和饮水。在育雏期，在防疫、转群结合种鹅的挑选过程中，挑选出体重相对小的个体，将其集中在几个专门的小栏饲养，增加育雏料的饲喂量、延长饲喂时间，使弱小个体体重逐渐向大群体靠拢，然后重新并入大群体。对弱小雏鹅的挑选和转群饲养，应该是一个不断重复的动态过程，以此不断发现弱小个体，又不断促进其加快生长速度赶上大群体水平。

在育雏期结束时，还需要对鹅体重新进行一次挑选。重点是选留体重大的公鹅和体重中等的母鹅，淘汰体重较小、有伤残、有杂色羽毛的个体。经选择后，公母鹅的配种比例：大型鹅种为 1：（3～4），中型鹅种为 1：（4～5），小型鹅种为 1：（6～7）。

2）提高育成鹅的整齐均匀度　鹅在育成期由于采食量远达不到其自由采食量，加上鹅群内自身带有"社会"分级，始终会发生

"弱肉强食"的现象，如不加以控制，鹅群的整齐均匀度会急剧下降。处于"社会"底层的个体会因为长期采食量不足，体重逐渐下降，影响身体各项机能的发育，严重的会导致死亡。做好育成鹅的体重均匀度控制，应该从以下几点加以重视：

①保证采食空间位置：保证育成期后备鹅有充足的采食空间位置。喂料区和饮水区保持一定的距离，最好在10米以上，部分鹅在采食后会去饮水区，此时弱小的鹅就有机会继续采食。

②限制饲喂：增加饲料中填充物的比例。由于育成期饲喂量是其自由采食量的50%～60%，长期处于饥饿状态的鹅在喂料时会出现抢食的现象，如果此时采食空间位置不足，整个采食过程一般在饲喂后10～20分钟结束，弱小个体根本无法得到食物。为了使整群鹅采食均匀，可在饲料中增加低营养填充物如稻壳等粗纤维原料，添加量以使鹅采食时间控制在1～2小时为宜。强势鹅在采食含大量填充物的饲料后就有饱感，无须继续采食，弱小个体开始采食，最终使整个群体每个个体都能采食到"足够"饲料。这种方法可视为饲料品质的限制。

③分群管理：分群管理有利于控制公母鹅的群体均匀度、性成熟时间，具体操作方法参见问题59。

④选择淘汰：在育成前和育成后期，即在70～80日龄和150～180日龄，可根据鹅生长发育情况、羽毛生长情况及体型外貌等特征进行选择。淘汰生长速度较慢、体型较小、腿部有伤残的个体。特别是在150～180日龄阶段，此时鹅全身羽毛已长齐，应选择具有品种特征，生长发育好，体重符合品种要求，体型结构、健康状况良好的鹅留作种用。公鹅要求体型大、体质健壮，躯体各部分发育匀称，肥瘦和头的大小适中，雄性特征明显，两眼灵活有神，胸部宽而深，腿粗壮有力。母鹅要求体重中等，颈细长而清秀，体型长而圆，臀部宽广而丰满、两腿结实，间距宽。选留后的公母配种比例为：大型鹅种1：（3～4），中型鹅种1：（4～5），小型鹅种1：（6～7）。

第六章　种鹅生产

（1）场地准备　场地准备包括鹅舍、运动场及戏水池的准备。规模化生产的种鹅一般都围养于种鹅舍、运动场和水上运动场之内。在进种鹅之前，需要对这些场地设施做好相应的准备工作。

鹅舍要有良好的通风、保暖条件，进行反季节生产的种鹅舍要有良好的光控设施，包括补光和蔽光。运动场要足够大，地面平整，便于搞卫生和消毒，配备足够的料槽及饮水槽（盆），另外需要准备1～2个矿物质槽。洗浴池的水面要足够大，水的更新能力比较好，可以有效保持水体质量。

种鹅进场前，要彻底做好场地设施的卫生消毒。对舍内外场地和饲养器具进行彻底消毒，可采用熏蒸和喷洒消毒液进行全面消毒，如先用生石灰水刷洗墙壁、天花板和地面，后用福尔马林和高锰酸钾熏蒸消毒（每立方米空间用福尔马林15毫升和高锰酸钾7.5克），24小时后打开门窗彻底通风备用。料槽和水槽经消毒后再用清水冲洗干净晾干。产蛋区的垫草应采用干燥、松软、无霉变的稻草或稻谷壳。

（2）人员到位　根据养殖场实际情况配备足够的人员，包括管理、饲养、防疫、销售、采购等各岗位，且必须是经考核合格的人员。

（3）饲料及其他饲料添加剂准备　饲料在不同地区的养鹅实践中各有区别，一般包括配合饲料、稻谷、玉米或小麦等，要根据自身的实际情况准备足够的饲粮，保证质量，不能用过期、发霉、不合格的饲料。此外，还要供给足够的青饲料，对于目前规模化养殖的种鹅，要保证每只鹅每天有100克青草的摄入量。同时还要保证青饲料新鲜，没有农药或其他污染，水生的青饲料不能有寄生虫等。另外，要配备必要的添加剂，如多种维生素、微生态制剂、电解质、补钙剂等，尤其在种鹅经长途运输进入一个新的环境中时，难免会产生一些应激或出现异常情况，所以这些添加剂是必需的。

（4）兽医及防疫物品准备

①免疫接种用的连续注射器及针头、针头消毒用具、必要的各种疫苗等；②常用的抗菌、抗病毒及外伤等药品，包括中草药、抗生素、驱虫药、外伤用药膏等。

62 种鹅饲养的日常工作有哪些？该怎样操作安排？

种鹅饲养的日常工作，最基本的包括喂料、喂水、捡蛋、送蛋、清粪、清扫鹅舍运动场和水池、鹅场防疫消毒等。其次需要观察挑出行为不正常的病鹅、死鹅并进行及时处理。对于利用光照调控种鹅产蛋的鹅舍，则还需要每天开闭灯光，同时打开或关闭通风窗或卷帘，放鹅出舍或赶鹅入舍，夏季为鹅降温。其他工作还包括种鹅的免疫，以及种草割草养鹅、鹅舍维修等工作。

以上各工作中，喂水喂料无疑是最为重要的。正确的喂料将使鹅都能够摄入足够的营养物质，用于合成种蛋各成分所需，也不使种鹅过肥，从而维持良好的产蛋性能。一般于上午、下午分2次饲喂。需要将料槽均匀分布于鹅舍内或运动场，以使每只鹅都有获得饲料的机会和空间位置，避免造成鹅采食不均匀的问题。开展夏季反季节繁殖时，为了防止饲料在高温下发酸腐败，需要分3～4次饲喂，特别是应在夜间温度较低时加喂，以克服热应激的不良影响，维持正常的采食量。饮水需要保持清洁，一般采用卫生、不含病菌的井水或自来水于饮水槽中供鹅饮用，养殖场附近的水井要特别注意避免大肠杆菌污染。为了防止鹅在饮水时将采食的粉状饲料残留于饮水槽中，每天都需要清洗饮水槽，以防止其内饲料腐败造成病菌滋生。大部分鹅场还要安排饲养员配制饲料，种植和刈割青草。

种鹅产蛋期内，每天需要捡蛋三次，主要在早上、中午和下午15：00—16：00进行。及时将所捡种蛋送至孵化室或贮蛋库，炎热的夏季特别需要注意使种蛋尽快降温，避免胚胎过早发育。对于容易发生就巢孵化的品种，还需要每隔3天检查蛋窝内母鹅是否为就巢鹅，一旦发现为就巢鹅，应及时将之赶出，或采取醒抱措施使之及时恢复产蛋。

为了保持鹅舍和运动场清洁卫生，需要及时清粪。为了提高工作效率，可以使用滑移清粪便机，清粪便速度比人工打扫提高10倍。每周对鹅舍、运动场用0.1%新洁尔灭或百毒杀喷雾消毒2次。有条件的鹅场还需要每天更换戏水池水，并供应清洁用水。

饲养员需要频繁仔细观察鹅群，一发现精神不振和病鹅就需要隔离单独饲养并进行治疗，特别是需要及时挑出脱鞭的公鹅，以避免在交配时将大肠杆菌传染至其他母鹅。另外，需要将死鹅挑出进行深埋或焚烧处理。

饲养员还需要经常性地巡视鹅舍及周边，对于使用光照调控繁殖产蛋的鹅舍，需要检查鹅舍有无破损、漏光漏风和灯具是否正常等问题，并及时进行维修，以免影响通风降温及保持光照程序正确，从而保持和提高鹅的产蛋繁殖性能。

每个饲养员都需要熟练掌握和做好以上种鹅场的各项工作。一个把工作时间安排良好的饲养员，应该能够完成1 200～1 500只种鹅的饲养工作量，这可以作为衡量饲养员工作能力的一个指标。

63 种鹅预产期管理有哪些注意事项？

随着育成期的结束，种鹅羽毛紧凑、光亮，母鹅行动变慢，腹部下垂，早晚有交配，已经有开产迹象。开产前或产蛋前期的种鹅尤其要抓好管理，才能保证整个产蛋周期的产蛋量。

（1）饲料品质　种鹅在育成期需要控制体重，一般使用能量含量比较低、粗纤维含量比较高的原料作为填充物配制全价饲料，即饲料中能量水平稍低。随着育成期的结束，喂料量应逐渐增加。按照品种特征在开产前调整饲料配方，逐渐增加能量饲料原料比例，减少粗纤维比例。此时特别注意：由于育成期长期的限制饲养，种鹅采食欲望强，切忌一次性过渡到全精、高能饲料，粗纤维等填充物应逐渐降低，喂料量逐渐增加。种鹅采食对饲料的形状、颗粒大小、气味等均有较强的选择性（育成期控料时除外），进入预产期后，饲料配方原料应该按照产蛋高峰期配方，增加部分原料的比例（育成期未添加过的），使种鹅尽快适应产蛋种鹅料。

（2）喂料量　种鹅开产前喂料量的控制十分关键，实际生产中不同养殖经验的人有不同的给料方案。方法之一是迅速催肥并促进卵泡发育，由育成期的每天饲喂150克饲料，迅速增加到自由采食量，最高的个体采食量每天可达到400克以上，平均采食量也超过300克，这种加料方法会使产蛋高峰来得比较快；缺点是母鹅易肥，产蛋时脱肛鹅比例大。还有一种方法是在增加饲料品质的同时，逐渐增加喂料量，在3~4周过渡到高峰期料量，这种饲喂方法种鹅开产略慢，但是产蛋期脱肛鹅比例小，产蛋高峰期维持时间长。

（3）日常管理　育成期的管理，就像哺乳动物妊娠期管理一样需要特别精心细致。育成期结束的种鹅，按照品种标准和配套要求对公鹅和母鹅挑选一次，剔除不符合品种特征的、个体过大或过小的、病残次鹅，之后按照如下注意事项进行管理。

①喂料量逐渐减少，饲料能量浓度不断增加，饲喂由每日1餐逐渐过渡到每日2~3餐，根据采食量和采食速度调整饲喂时间和饲喂量。

②产蛋窝的准备：自然条件下繁殖的母鹅进入开产期会四处寻找干草、毛发等柔软物质做产蛋孵窝，人工饲养条件下需要饲养人员为其提供产蛋窝。产蛋窝按照每平方米100只母鹅计算，将产蛋窝设置在舍内防雨、靠墙、安静的地方，蛋窝门槛不宜太高，一般不超过10厘米，窝内铺稻草或稻壳等。

③种鹅开产前集中加强免疫一次禽流感H5、副黏病毒、H9灭活疫苗，每只种鹅注射剂量为1.5~2毫升，使鹅产生足够强的

免疫力以安全度过产蛋期。

④开产母鹅行动缓慢，在规模化饲养过程中要做到工作定时、饲料定量、管理定人，经常巡逻检查是否有窝外产蛋等异常现象，多和鹅群互动熟悉，减少人为应激带来的卵黄性腹膜炎等疾病的发生。

⑤环境卫生和消毒。保持舍内地面清洁、干燥、卫生，建筑设计时最好考虑到自然通风顺畅，空气质量要好，雨雪天勤打扫。消毒工作要做到位，包括空气消毒、地面消毒、水体消毒、大环境消毒、带鹅消毒等。采用对鹅无毒无害的含氯、含碘消毒剂或季胺盐类消毒剂轮换消毒。一般夏季每周 2 次，其他季节每周 3 次。

⑥鹅是草食动物，但不能全部依赖青绿饲料。全价饲料是维持鹅产蛋高峰和种鹅健康的关键。产蛋前期逐渐降低和稳定青绿饲料的比例，一般每只鹅每天 100～150 克青绿饲料为宜。有研究表明，添加青绿饲料可有效保持种鹅健康水平，提高种蛋受精率、出雏率和育雏鹅的成活率。过多青绿饲料的摄入会影响精饲料的摄入，最终导致能量不足，影响产蛋性能的正常发挥。

64 产蛋期种鹅饲喂要注意哪些事项？

（1）适当控制饲喂量 在产蛋期，为了保证种鹅产蛋期间对能量等营养物质的需求，一般都不对其进行限制饲养。但也不能任意让鹅自由采食，否则会由于过度肥胖导致产蛋后期产蛋率和种蛋受精率迅速下降。在种鹅的整个产蛋期内，产蛋期饲料喂量主要用于满足基础代谢和繁殖产蛋所需。在产蛋高峰之后，随着产蛋率的下降，喂料量如不及时调整，摄入过多的饲料除了满足基础代谢外，相当一部分能量转化为体增重。过肥的鹅会出现繁殖性能障碍，影响产蛋性能的发挥。因此，种鹅产蛋期需要适当控制饲喂量。

产蛋种鹅每天的饲喂量，应根据鹅体型大小和产蛋时期确定。中型鹅种在开产前后 1 个月内，一般需要每天饲喂 250～300 克饲料，以满足体内卵泡发育所需营养物质供应；而开产到产蛋高峰阶段，则可以降低饲喂量至 180～220 克饲料，并在此后持续保持。

大型鹅种则适当增加饲喂量。

每天饲喂次数可以控制在2～3次，饲喂量以每次1小时内吃完为宜，特别是在喂湿拌料时更需如此。每天饲喂3餐的饲喂时间是：第1餐在7：00—8：00（夏季可提早到5：00—6：00），第2餐在14：00—15：00，第3餐在18：00—19：00，3次饲喂量的比例为3：3：4。鹅在夏季因白天高温减少采食，则可以在夜间温度下降时增加一次饲喂，补齐全天采食量。

（2）保证微量元素、维生素、钙磷摄入量　产蛋高峰后期，种鹅采食欲望明显下降，此时必须保障种鹅在全天有4～5小时的控料时间，以保障食欲。分2～3次饲喂的种鹅，第1次喂料在上午控料3小时以上，喂料量以在0.5～1小时采食完毕为宜，此时可将全天70％的微量元素、维生素、钙磷添加在内，剩余的1～2次喂料补足当天所有营养物质的添加量。

在种鹅饲料中添加维生素非常必要，可以到专门的种鹅用预混料厂家定制购买。维生素D的添加对种鹅十分必要，维生素D有利于卵泡发育和种蛋受精率的提高；维生素C在夏季添加量要加倍，有利于抵抗夏季的热应激。其次，鱼肝油含有丰富的不饱和脂肪酸及维生素A、维生素D、维生素E等，可以增强种鹅抗病力，提高种鹅繁殖性能，尤其可以提高公鹅精液质量。种鹅进入产蛋高峰期后，若部分种鹅出现腿软症、软壳蛋、破壳蛋、沙皮蛋比例明显增加，种蛋受精率下降时，则需要额外添加鱼肝油来改善以上症状。维生素A、维生素D、维生素E在每千克全价饲料中的添加量为10 000、1 000、5国际单位。由于维生素A、维生素D、维生素E属于脂溶性维生素，不易被吸收利用，所以添加量不宜过多。有时发生不明原因的种鹅腹泻问题，需要考虑是否是由于在饲料配合过程中鱼肝油搅拌不均匀或添加量不合适所致。

（3）青绿饲料喂量　在整个产蛋期，有条件的养殖场会添加青绿饲料，以保证种鹅的身体健康，提高种蛋受精率和孵化出雏率。青绿饲料的添加主要是增加维生素和部分微量元素的摄入，并不能影响精饲料的添加量，因为青绿饲料干物质含量只有5％～10％，其中还有相当一部分不能被消化利用。在整个生产周期，每天每只鹅摄入 100 克青绿饲料已足够。

65 **怎样种植牧草为种鹅供应青草饲料？**

　　对于种鹅生产，有些地区如南方广东省的短日照种鹅产蛋高峰在冬季 12 月至翌年 1 月，理论上对青草的需求量最高，然而此时青草生长速度最慢、产量最低，造成鹅生产需草量上升与自然产草量不足之间的矛盾。广东省开展种鹅反季节繁殖生产，使种鹅在夏季青草生长高峰期产蛋，从而满足了产蛋期种鹅对青草的需求。而且种鹅反季节繁殖生产使大量肉鹅于夏季养殖，也能够利用此时大量生产的青草，从而实现了"鹅草耦合生产"，有利于降低养鹅成本，同时促进了鹅健康和生产性能的发挥。

　　北方全年四季气温变化差异较大，需要结合利用不同类型牧草组合生产，并采用新颖种草方式，甚至加大牧草地面积增大产量，方能满足种鹅对青草的需求。例如于秋冬季种植黑麦草、菊苣等寒地型草种，特别是在杨树林下种植这些牧草，使之可以在早春树木未返青时良好生长，为鹅在春季提供青草。某些需要轮作改善土壤条件的蔬菜大棚，也可以用来于秋季种植这些牧草，在冬季就能为种鹅提供青草。其次，可以利用多年生菊苣与多年生杂交狼尾草，采用条播方式混种，冬春季生产菊苣，而夏秋季生产杂交狼尾草。采用多种类型的牧草组合，以及单种与混种相结合、间种与套复种相结合，可以提高土地利用率，最大限度地实现青草的全年供应，满足种鹅对青草的需求。

　　可以在种草之前，以及刈割之后，利用鹅舍粪便对草地施肥。要求鹅粪便必须经过至少 3 周时间的堆肥处理，使其中寄生虫卵、病原等死亡或失活，在粪便有机质腐熟之后才能施用于草地。

66 **产蛋期自配全价料石粉和磷酸氢钙的添加量是多少？是否需要再添加贝壳粉？**

　　由于鹅隔天或间隔更长时间产蛋，产蛋量较低，所以人们常常忽视产蛋期钙、磷的添加。生产实践中，很多养殖户不添加石粉、磷酸氢钙，整个产蛋期也未发现由于缺钙引起的软腿病，经过仔细观察和分析之后发现，这些养殖户的养殖量一般都不大，除了给每100只母鹅准备2米²的产蛋窝外，种鹅活动的场地多为泥沙土地，种鹅自配料可不添加钙、磷，机体需要的钙、磷可以从泥沙土地中得到。反之，规模化生产中，大群鹅都被转养至运动场和鹅舍内，种鹅没有条件获得泥沙，极易造成钙、磷缺乏。随着种鹅产蛋进入高峰期，不添加任何钙源饲料的种鹅逐渐表现出软腿病，产蛋率越高的群体发病率越高，发病群体集中在母鹅身上，而且发现发生软腿病的母鹅胫骨密度要低于正常母鹅和公鹅。这说明产蛋期钙的需求已经无法从食物摄入得到，机体动用骨骼里的钙，导致骨密度降低，造成软腿病。针对这些饲料中钙、磷缺乏或钙、磷比例失调的情况，通过增加饲料中石粉、磷酸氢钙的比例，配合鱼肝油拌料，适当接受阳光的方法，2～3天内可使母鹅软腿症状得到明显缓解。

饲料中钙、磷的添加量可参照种鸡饲料的添加比例，但添加过多也会导致鹅蛋壳变厚，对孵化时雏鹅破壳不利。因此，建议在产蛋期种鹅全价配合饲料中，石粉和磷酸氢钙的添加比例为种鸡产蛋高峰期料的1/2，即4%左右的石粉、0.5%～0.8%的磷酸氢钙。另外，在舍外活动场地上另加两个料槽，其中添加足量的破碎贝壳粒，供有需要的种鹅自由采食。

67 鹅为什么吃沙砾？生产中如何给鹅补沙砾？

鹅采食大量纤维含量高的饲料，如大量纤维较长的青草、含有完整谷壳的稻谷等。由于鹅口腔无牙齿，不能咀嚼，食道无嗉囊，所摄入饲料仅在食管膨大部被唾液稍微浸湿软化，然后进入肌胃。通过肌胃壁发达坚厚的肌肉的运动，肌胃内壁覆盖的坚实的角质膜将纤维性和坚硬的谷物饲料磨碎进行初步消化。鹅等家禽都主动摄入沙砾，帮助加快进行植物性饲料的消化。沙砾能够长期留贮在家禽肌胃中，在肌胃壁收缩运动时，沙砾与饲料之间相互运动和摩擦，起到磨碎和帮助消化饲料的作用，提高饲料利用效率。放牧鹅则可在野外土壤中自行觅食沙砾，对于舍饲的鹅则必须额外添加沙砾。

实践证明，当缺乏沙砾时，谷粒饲料中所含营养物质的利用率将下降30%左右。通常在1周龄以上育雏饲料中添加占日粮1%的沙砾，颗粒以小米大小为宜，以使食物在胃内被充分磨碎。后备种鹅和成年鹅可利用直径0.5厘米大小的沙砾，可在运动场设专门的砂槽，其内放置直径为0.3～0.5厘米的粗沙给鹅只自由采食。鹅对沙砾摄入数量并不大，沙槽本身也不需太大。但为防止沙砾被鹅四处抛撒，可以将沙槽沿鹅舍墙脚处放置于运动场上。

68 如何保证种鹅饮水清洁卫生？

种鹅的饮水非常重要，在保证鹅饮水充足和清洁卫生方面，要注意以下几点。

（1）流动的水源　鹅群活动的地方配置一个长条形的水槽，一侧高一侧低，但落差也不宜太大，一般以3～5厘米为宜。从高处用小功率水泵供水，使水槽保持不间断供水，这样可以保障每只种鹅都能喝到清洁的饮用水。

（2）饮水区域的清洁　种鹅饮水区域增设漏缝地板，即专门增设饮水区。鹅饮水（戏水）过程中溅出的溢水，通过地下漏缝地板流到污水沟排出舍外，既可保持鹅舍内部干燥，又保障了种鹅饮水的清洁。

（3）定量饲喂　水发霉变质多是因为水槽长期存水，不经常刷洗水槽，造成青苔、浮游植物和有害微生物的滋生。为了解决这一问题，可根据种鹅饲料量来决定供给种鹅的饮水量，一般以每天每只种鹅500～800克为宜。水槽放半槽水，保障每次在较短的时间内喝完，少给勤添。此项操作注意别长时间断水。

（4）定时清洁　供种鹅饮水的水槽都需要定期使用毛刷清洁。

69 炎热天气里如何为产蛋鹅降温？

炎热天气里产蛋鹅的降温工作主要包括舍内降温、运动场防晒和洗浴池遮阳。舍内降温要从鹅舍结构、建造材料、饲养密度、营养供给、降暑设备设施等方面综合考虑。

建造的鹅舍空间要尽量高，有良好的通风效果，尽可能建成开放式或半开放式的鹅舍，需要配有良好保温和遮光效果的窗帘布。开展反季节生产的鹅舍，要建造一些既有良好通风又有良好遮光效果的结构，同时要安装机械通风装置，在舍内配套安装防暑降温的喷雾降温设施。而应用负压通风湿帘降温系统效果最佳，可以有效将舍内温度降低6℃左右。建造材料要在充分考虑性价比的情况下，尽可能用隔热性能好的材料和反光性好的颜色，以减少热辐射和舍外热传导。

除了鹅舍内的降温措施外，在运动场，尤其是做过硬底化处理的运动场，要做好防晒工作。①可以在运动场上搭建一定面积的遮阳篷，要根据实地情况选择，可以做砖瓦结构的遮阳篷，优点是能长期使用、效果好，缺点是不能拆卸；也可以搭支架，用遮阳网，优点是方便天气冷时拆卸，缺点是不耐用。②可以在运动场直接种植一些高直的落叶树木，但原则是既要在夏季有一定的遮阳面积，又要在冬季保持运动场有良好的阳光照射。

洗浴处的遮阳需要根据鹅场的实际条件而定。如果洗浴池是水面较大、水较深的水库、池塘，拥有良好流动性且为山泉水或地下水源头的洗浴池，则基本不用遮阳，因为这些水面不会因为太阳照射导致水温太高，影响种鹅繁殖性能。由于当前对各大水域及周边地区的限养要求较严格，所以目前采用人工小水面的半旱养模式逐步得到推广。采用这种养殖模式时，在一些水面较小、水较浅的养殖场，炎热天气时，洗浴池水体温度很容易因为太阳的照射而升高，这就需要在洗浴池上建造遮阳设施，最好是能方便拆卸的遮阳网。

天气炎热时，要尽可能保持合理的饲养密度，减少饲料中热量的供应，并供给充足干净的饮水。在水中添加适量的电解质和多种维生素，尤其是维生素E和维生素C，可有效缓解热应激的不良影响。

70 种蛋的收集和贮运有哪些注意事项？

种鹅进入开产期，母鹅的习性就是选择蛋窝开始产蛋。种鹅产蛋时同其他时候一样，喜欢扎堆，所以产蛋窝不必做得太大，一般以每 100 只母鹅设置 2 米² 产蛋窝为宜。于舍内一侧墙角处用半米高砖墙围住，内放稻壳使鹅做窝产蛋。

种鹅产蛋集中在 4：00—14：00，此阶段产蛋量占全天产蛋量的 80%。种鹅产蛋后应及时收集入库保存，以保证种蛋的新鲜，防止胚胎在入孵前提前发育，获得较高的种蛋孵化率。

收蛋时间根据季节可做适当调整。一般在气温超过 25℃ 的季节每天收蛋 4 次为好，第一次在早上的 5：30—6：00，第二次在上午的 9：30—10：00，第三次在下午的 14：00—14：30，最后一次在下午的 17：30—18：00；气温低于 20℃ 时，每天可收蛋三次，第一次在早上的 7：00 左右，第二次在上午的 10：30 左右，第三次在下午的 16：00 左右。

捡蛋时，注意事项如下：

①窝内有产蛋种鹅，收集种蛋时动作要轻并且速度要快。

②刚产出的种蛋，蛋壳表面还未干燥，附有黏液时，不要立即收集种蛋。因为这会破坏种蛋外层的保护膜，使种蛋很容易受细菌污染。

③种蛋收集之后要将不合格种蛋和破蛋单独挑出，避免相互影响。

④夏季种蛋库开空调降温。刚收集来的种蛋蛋温较高，不宜立即放进种蛋库保存，在 25℃ 左右的环境温度下缓慢降温，熏蒸消毒后再进入蛋库保存。

⑤种蛋运输速度要缓慢，避免激烈撞击造成蛋壳破裂。

⑥种蛋收集最好是定人、定时实施。

71 与其他家禽相比，种鹅的繁殖产蛋有什么特别之处？

与其他家禽如鸡和鸭相比，鹅的繁殖产蛋较为独特。

①鹅产蛋性能较低 如北方高产品种东北籽鹅年产蛋量仅80～120枚，南方广东省的马冈鹅、狮头鹅及中部地区的浙东白鹅、皖西白鹅等全年产蛋仅35～40枚，有些品种甚至低于30枚。中部地区的四川白鹅、太湖鹅及育成品种如扬州鹅的产蛋量为60～70枚。驯养时间较短、较原始的品种如新疆伊犁鹅，全年仅在春季产一窝蛋，约15枚。

②各鹅种的产蛋都具有强烈的季节性 各鹅种包括全部的地方品种、育成品种和引进品种，全年产蛋繁殖期仅6～9个月，而且繁殖产蛋季节在南北方鹅种不大相同。北方鹅种和引进鹅种是长日照繁殖，而南方鹅种是短日照繁殖。

③许多鹅种都有就巢习性 即使在6～9个月的繁殖期内，鹅产蛋到一定数量后即表现就巢孵蛋行为。

鹅的季节性繁殖习性和就巢习性，往往导致产蛋的停顿，从而严重降低产蛋性能，这是鹅产蛋性能远低于鸡和鸭等家禽的主要原因。

④生蛋时间间隔长 可能由于生殖内分泌调控机制及生成鹅蛋需要蛋白较多的制约，大部分鹅种隔天产蛋，有些高产鹅种如东北籽鹅在产蛋高峰的产蛋间隔时间较短，但也需要36小时，都远长于鸡、鸭的24小时左右。

⑤产蛋频率低 产蛋频率低是导致鹅产蛋性能较低的另一重要原因。有些鹅因为受到应激造成发育的卵泡闭锁，产蛋延迟，也是产蛋频率低的原因。

72 母鹅不产蛋或产蛋性能低下是什么原因造成的？

除光照以外，影响母鹅产蛋性能的因素还包括饲养员工作质量、营养水平、环境温度、养殖密度、卫生状况、病原和毒素危害等。

（1）饲养员工作质量 鹅由于高度敏感、神经质，对饲养场所环境和人员的行为有较大的反应，需要保持鹅场鹅舍内安静无噪声。饲养员素质和工作责任心对鹅场环境和鹅的产蛋性能有较大影响。如饲养员在饲喂、清粪、捡蛋过程中未能小心温和作业，而是经常性地大声吆喝粗暴驱赶踢打鹅，极易造成炸群和应激，进而导致生殖内分泌和卵泡发育紊乱或卵泡闭锁，降低母鹅产蛋性能。

（2）营养水平 营养水平主要通过影响鹅的生殖内分泌及卵泡发育而影响其产蛋性能。育成期或休产期过高的营养水平，或未对鹅进行限制饲喂，会使母鹅体内积聚更多脂肪，脂肪分泌的瘦素则对卵泡发育有抑制和破坏作用，而以往误认为是腹部脂肪浸润卵巢破坏卵泡发育，从而会推迟开产或降低产蛋性能。

与育成期营养易过高相反，开产后缺乏营养或饲料和饲喂量未及时调整，造成在产蛋高峰期缺乏微量元素、维生素和必需氨基酸时，将导致母鹅消瘦，使产蛋率在到达高峰期后很快下降。

（3）环境温度 环境温度超过30℃会降低鹅食欲，导致营养物质摄入减少，从而降低产蛋率。另外，夏季反季节繁殖生产中，鹅腹腔中代谢旺盛、快速发育的卵泡给鹅机体造成很大的生理负担，在高温时极易造成鹅的热应激，有时会导致鹅死亡，甚至使母鹅在输卵管中有蛋待产时仍然发生死亡。热应激还能直接抑制小卵泡发育，最终降低产蛋性能。而在冬季温度过低时，摄入的营养被消耗用于御寒，也会使产蛋率下降或停产。

（4）养殖密度 养殖密度通过影响鹅福利和生活环境质量而影响鹅的产蛋和繁殖性能。养殖群体和密度过大，增加了鹅之间的攻击性行为并使之产生啄癖，即降低鹅的福利水平造成应激，从而使内分泌紊乱，降低繁殖性能。过高的养殖密度，会产生更多的粪便污水，升高环境中湿度和氨气等有害气体浓度，升高有害病原如细菌、病毒和细菌毒素的浓度等，特别是在空气流通不畅的低矮鹅舍，恶劣的环境质量会严重危害鹅福利健康和生产性能。

养殖密度过高的群体中，特别是南方采用的水面养鹅或"鹅—鱼"综合生产模式中，水面载鹅密度过高时，如果水体不能经常更换保持清洁，大量的鹅向水体排放大量粪便，不仅会提高水体中氮、磷等物质含量，而且鹅会向水体中排泄大量肠道菌如大肠杆菌和沙门氏菌等革兰氏阴性菌。这些细菌会在氮、磷等物质丰富时快速繁殖，特别是在开展反季节繁殖生产的炎热夏季，所产生的大量细菌会在母鹅交配时进入生殖道造成感染，严重时往往造成大肠杆菌、沙门氏菌的混合感染，卵巢感染时会发生卵黄性腹膜炎，俗称"蛋子瘟"，造成母鹅停产甚至导致死亡。另一方面，水体中的大量细菌在死亡后分解释放出的内毒素会在鹅饮水时被摄入体内，被摄入体内的细菌在肠道中分解后也会释放内毒素，内毒素会影响下丘脑—垂体促性腺激素的分泌，降低卵泡对促性腺激素的反应和自身发育能力，重则导致卵泡闭锁使母鹅停产。

某些完全在陆地开展的种鹅生产，虽然没有南方利用池塘水面养鹅的水质污染问题，但是鹅舍低矮、空间不足、空气流通不畅，以及运动场面积不足、未硬底化，在雨后排水不畅时发生粪便污水积聚等问题，往往造成鹅舍内湿度过大，臭气、细菌、病毒等浓度过高和污染问题，也极易影响母鹅健康，降低产蛋性能。

养殖环境恶化时，母鹅受到污染空气、细菌和毒素的危害，免疫力严重下降，特别容易感染某些病毒性疾病如黄病毒病或坦布苏病毒病。黄病毒病是2010年4月出现的新病，专门感染鸭、鹅发育中的卵泡，导致卵泡闭锁休产。感染黄病毒的病鹅主要表现为采食量下降，排黄绿色粪便，随即产蛋下降，部分病鹅有神经症状如头颈扭曲，并有少量死亡。母鹅在感染黄病毒10天后，产蛋率即快速下降70％～80％，而且使用多种抗生素进行治疗均无效果。

（5）接种疫苗　在种鹅产蛋过程中接种疫苗，也会通过应激反应造成卵泡发育紊乱而降低产蛋性能，母鹅需要经过好几天才会恢复正常产蛋。有些鹅场制作大肠杆菌自家苗，由于质量控制的问题，未能完全去除疫苗中的大肠杆菌内毒素，使其在疫苗接种后会持续一段时间释放出来，从而在较长时间内影响降低母鹅的产蛋。还有一种较为严重的接种疫苗降低产蛋的情况，即在产蛋的中后期给鹅接种疫苗造成应激，使一部分本来有降低产蛋趋势的鹅停产并随之进入换羽状态，过早进入休产状态而不可能重新开产，从而使群体产蛋率降低30％左右。

▲▲▲ 第六章 种鹅生产

73 产蛋鹅发生脱肛的原因是什么？该怎样避免？

脱肛指产蛋鹅在产蛋后泄殖腔或子宫不能自然回到体内或由于初产蛋难产而被带出体外，留在肛门外，肛门发红水肿，一般多发生于初产或高产母鹅。本病可引发鹅群啄肛癖而造成大批死亡。造成脱肛现象的原因是多方面的，主要包括疾病、饲养管理、光照控制、营养供给等因素。

（1）疾病因素　种鹅因感染新城疫、禽流感、传染性支气管炎等疾病，导致生殖机能降低而诱发脱肛。大肠杆菌、沙门氏菌等细菌性疾病会引起严重的长期腹泻，从而导致泄殖腔脱垂而脱肛。长期慢性呼吸道疾病等，如支原体等也可引起脱肛；肠道寄生虫病可导致肠黏膜脱落，使营养吸收功能降低、新陈代谢紊乱，导致生殖道干涩，肛门收缩能力降低而引起脱肛。有些则是病毒病、细菌病中的一种或几种混合感染，引起初产种鹅输卵管炎症或引起高产种鹅输卵管频繁发病出现炎症，造成管腔变小，排蛋困难，从而导致脱肛。

（2）饲养管理因素　在种鹅饲养管理过程中，由于管理不当，较强的应激因素如气温剧变、打雷、闪电、早晚温差、怪异声音等使种鹅受到异常惊吓，生理和精神极度紧张，导致双黄蛋增多或蛋重增加而引发脱肛；另外，因通风不良、饲养密度大、饮水不足、饲料量不固定等，使种鹅长期处于紧张状态，引起脱肛。

（3）光照因素　鹅作为季节性繁殖动物，其生殖发育及繁殖活动调控均与光照有着极为密切的关系。育成期的不合理光照，主要指光照时间过长，使育成鹅性早熟，导致早产并引起脱肛。开产后的光照控制（包括光照时间和光照度的综合影响）一定要合理，不能给予种鹅过强的光照，尤其是反季节生产控制过程中，应避免过强光照对种鹅生殖系统的过度刺激，导致产蛋上升太快而引起脱肛。同时，在种鹅产蛋过程中，不要一味追求过高产蛋率，在光照控制和营养供给上给予过高的水平，使种鹅因长期处于高产蛋水平而导致过度疲劳状态，内分泌功能上的高压态势会导致生殖道干涩

109

不湿润，收缩机能下降，从而引发脱肛。尤其是在反季节生产过程中，除了上述因素外，反季节生产时的气候与环境条件对种鹅也造成巨大的应激压力，使脱肛发生的可能性更高。

（4）营养因素　饲养中营养的供给对种鹅的健康和保持良好的生产性能非常重要，尤其是对于处在反季节生产条件下的种鹅。鹅作为草食禽类，饲草是必需的，足量的饲草供给可有效防止脱肛发生。饲料中缺乏维生素 A、维生素 E 会引起生殖道黏膜干涩发炎、角质化而使输卵管失去弹性出现脱肛。育成期日粮中的高蛋白，可使性成熟加快，出现性成熟早于体成熟，从而导致生殖系统发育不全，生殖道弹性小，出现脱肛。开产后给予过高营养，容易出现产蛋突然增多或出现异常蛋，如双黄蛋、蛋个体大等，容易引起脱肛。由于产蛋期营养供给过高，导致产蛋后期种鹅腹部脂肪沉积过多，使输卵管受到挤压而致弹性变弱，容易出现脱肛。

（5）人为因素　鹅是一种神经质型禽类，非常敏感，极易出现应激。在饲养过程中，一些易被忽略的人为因素常常会导致种鹅出现应激，如饲养员穿过于鲜艳颜色的奇装异服进入养殖场，在产蛋高峰期不恰当地驱赶鹅群，这些应激均容易导致种鹅发生脱肛，尤其是在产蛋高峰期。

种鹅脱肛的预防措施主要包括做好疫病防控，加强饲养管理，实施合理光照程序，科学给予饲料，搞好环境卫生等。

①做好疫病预防工作：主要是做好疫苗接种工作。要因地制宜、科学合理地制订种鹅场的免疫程序，主要包括禽流感、新城疫、大肠杆菌病、巴氏杆菌病、小鹅瘟、鸭瘟、传染性支气管炎等疾病的疫苗接种。养殖过程中要认真观察种鹅的精神状态、粪便变化，出现状况要及时准确诊断，做到早发现、早确诊、早治疗。

②加强饲养管理：主要是控制好饲养标准和光照时间与强度，重点要控制好育成期及开产阶段的营养供给和光照，尤其是在反季节生产过程中。要做到科学饲喂、合理光照，使种鹅在育成期有良好的体格结构和合格的体重，不过肥也不过瘦，在产蛋阶段保持平稳、良好的产蛋性能，并且群体的均匀度和产蛋整体性较好。

③加强养殖环境卫生：保持鹅舍、运动场和洗浴池卫生，要勤除粪便，搞好舍内清洁卫生和日常消毒工作，做到定期消毒、勤通风，保证鹅舍空气新鲜。每天清扫运动场，定期清洗和消毒，做好运动场卫生管理，建设合理的雨水沟和排污沟，防止雨水和冲洗运动场时的污水直接进入洗浴池。要监测好洗浴池水质，一方面饲养密度要得当，水体更新能力合理；另一方面要有效管理水体品质，防止外来污染对种鹅的影响，尤其在产蛋期。在"鱼—鹅"立体养殖方式中，要尤为注意，不能因为顾及鱼的生长投料过多，导致水体品质恶化而对种鹅生产造成影响。

74 有些鹅种在产蛋过程中发生就巢孵化是怎么回事？该怎样解决？

野生禽鸟在产完蛋后，都需要靠自身的就巢孵化行为来孵化雏鸟，通过给种蛋体热以促进胚胎发育，这是其孵化雏鸟的必不可少的繁殖行为。就巢孵化行为的发生，主要是母禽体内卵泡发育过程中产生的雌激素和孕激素，促进脑垂体分泌催乳素所致。就巢孵化行为是一个内分泌因子调控的过程，也是一个神经活动参与调控的过程。如母鹅将产蛋窝周围环境固化确认为其所产蛋或雏鹅的存在环境，促使其在产蛋过程中形成固定的就巢孵化行为以孵化雏鹅。抱窝行为一旦形成，将持久进行至雏鹅孵化出壳。在自然就巢孵化过程中，母禽腹部即可感受雏鸟出壳，然后迅即抑制脑垂体催乳素分泌，使就巢行为终止并转变为育雏行为。但如果产蛋窝中鹅蛋被人为移走或蛋未受精，母鹅将持续孵化甚至直到死亡。

在家禽被人类长期驯养的过程中，就巢孵蛋行为在某些种类和品种中已经弱化甚至消失。以高产蛋性能为目标选育的鹅种，如东北籽鹅、豁眼鹅、四川白鹅、扬州鹅等，以及引进的品种如朗德鹅、白罗曼鹅和霍尔多巴吉鹅等，在产蛋季节内都无就巢孵化行为，仅在产蛋季节结束之时表现出与换羽同时发生的就巢孵化行为。但历史上很多地方特别是交通不发达的南方多山地区，都依赖种鹅的就巢孵化行为进行自繁自孵生产，致使目前南方的很多鹅种都具有强烈的就巢孵化习性，其中最为典型的品种有广东省的马冈鹅、狮头鹅等，以及江苏、浙江中部地区的浙东白鹅和安徽的皖西白鹅等，这些鹅种90％以上的母鹅在每产8～10枚蛋就会表现出就巢行为，同时停止产蛋。在一个管理良好的马冈鹅群中，其产蛋率往往以大约50天的周期波动。在一个周期内，终止就巢的母鹅卵泡快速发育，卵泡经过20～25天时间发育至排卵和产蛋，在之后的20～25天的产蛋期中，母鹅按每隔1～2天的速度连续产8～10枚蛋，然后又进入下一轮就巢孵化。在马冈鹅全年为期8个月的产蛋季节内，一般出现4～5个产蛋就巢周期，其总产蛋数量达到35～45枚。

现代养鹅生产已普遍采用人工孵化技术，不需要也不欢迎种鹅的就巢孵蛋行为，因此必须采取措施严格管理，及时终止母鹅的就巢行为，以使母鹅及时恢复产蛋并提高鹅群的产蛋性能。除了国外引进的鹅种外，常用的大体型鹅种如马冈鹅、狮头鹅、浙东白鹅和皖西白鹅等都容易发生就巢行为。在这些鹅种的生产中，饲养人员需要每隔2～3天逐只抓取产蛋窝中的母鹅，然后触摸泄殖腔内鹅蛋的存在和耻骨间距。如果出现泄殖腔内无蛋，或者耻骨间距过小成为休产鹅的状况，即需要将母鹅转移至舍内另一处隔离空栏内观察2～3天，使之进入一个陌生的环境并脱离对原有产蛋环境的记忆，从而使之尽快放弃就巢孵化行为。将母鹅转移至另一处空栏的做法，也能观察判断母鹅是否继续产蛋或是否真正就巢。如果有母鹅继续产蛋，则将其重新放归于产蛋窝内。如果隔离栏内无产蛋，则可以判定母鹅属于就巢鹅，需要进一步被隔离终止其就巢行为。在此醒抱栏内关禁的鹅，将很快于1周内放弃或终止就巢孵化行为，此时可以将其转入大群产蛋鹅中。在利用光照控制繁殖产蛋季节的生产中，也需要将就巢鹅接受与产蛋鹅同样的光照处理。因此，可在鹅舍内建造一个醒抱栏，同时也在舍外特别是水面上围出一个醒抱栏，并使舍内外两个醒抱栏通过专门的围栏通道相连接，以使鹅能够较为方便地在舍内外的两个醒抱栏内转移，不致与大群产蛋鹅混杂。由此，就巢鹅能够与正常产蛋鹅一样，在白天放出鹅舍外接受自然光照，在夜间或蔽光时同样被关进鹅舍内接受短光照处理，以避免光照的改变造成对其生殖器官和活动的抑制作用，从而使其尽快进入下一轮产蛋。理念更为先进的鹅场还另外建设有专门的醒抱鹅舍或监鹅舍，每间约为 10 米²，几十间成排建造于活动水面边缘。监鹅舍离种鹅生产舍至少 50 米，其内部和周围环境与生产舍完全不同，以使母鹅快速感知一个完全不同于产蛋栏内的环境，使之尽快终止就巢行为并促使卵泡尽快发育和重新开产。

如何降低或避免母鹅发生就巢行为，进行母鹅笼养是今后可以探讨研发的一种养殖管理技术。在其他家禽如鸡和番鸭的生产中，笼养可以大幅度降低就巢行为的发生并大幅提高产蛋性能，其原理可能是笼养改变了母禽对产蛋环境和孵雏环境的感受，从而改变了其内分泌和神经活动，降低了就巢行为的发生。然而产蛋种鹅由于其天生的敏感性，从地面平养改变为笼养会严重影响其行为习惯导致产蛋紊乱。需要探讨从育雏就于笼内或高床架养育雏鹅培育后备种鹅，使其习惯于笼养环境不再产生应激，并在开产后降低就巢行为发生，提高产蛋性能。

利用人工授精技术或自然交配技术，将易就巢鹅种与无就巢行为鹅种母本杂交，或进一步利用杂一代母鹅作为母本进行种鹅生产，都可以大幅降低就巢行为发生率，从而提高种鹅的繁殖产蛋性能。

75 提高母鹅产蛋性能的技术方法有哪些？

根据鹅品种、生长发育、光照影响和福利水平对鹅产蛋性能的影响机制和特点，需要从养殖品种、营养饲喂、光照、环境卫生等方面综合应用各种技术，来提高鹅的产蛋性能。

（1）品种杂交　首先可以选择利用高产鹅品种或其杂交后代进行生产。利用四川白鹅、扬州鹅、泰州鹅、瞎眼鹅、籽鹅、霍尔多巴吉鹅等鹅种进行生产，其产蛋性能比南方容易抱窝的鹅品种如马冈鹅、狮头鹅、白沙杂、浙东白鹅、皖西白鹅等至少高出 80%。针对这些高产品种体型过小、生产速度低下的问题，可以采用与体型大、生长速度快的父本如狮头鹅、马冈鹅、浙东白鹅、皖西白鹅进行杂交，以提高商品代的生长速度、体型和产肉性能。通过正确的杂交方式生产的 F1 代杂种母鹅，一般也很少表现就巢孵化行为，其全年产蛋性能接近 60 枚左右，因此也可以作为高产母鹅再与大体型鹅种杂交，以此生产的 F2 代商品鹅含有 75% 的大体型鹅种血统，将表现很好的生长性能。以此方法开展的杂交繁育，已经在一些地区用于优质雏鹅（相对于体型小的母本）的高效率（母鹅生产雏鹅数大幅提高）生产。

（2）正确的饲喂　鹅在产蛋高峰期每 2 天产 1 枚 130～180 克的蛋，需要消耗大量的营养物质。各种营养物质的充足摄入，对于种鹅的正常生理代谢和鹅蛋各成分的合成都是至关重要的。在育成期或开产前一个时期限制饲喂使鹅不致过肥，有利于其在产蛋期表现出良好的产蛋性能。而在产蛋上升期和高峰期自由采食，并且提高饲料中蛋白质、氨基酸、维生素水平，将有助于提高产蛋性能。对于东北地区的豁眼鹅和籽鹅，在夏季过后进入秋季，通过给予均衡完全的营养或全价日粮而非仅仅是放牧，又可以诱导鹅在秋季表现出第二个产蛋波，只是高峰的产蛋率和维持时间均逊于春季。反季节繁殖生产时，可以采用营养充足的原料如全脂大豆提高饲料的能量和蛋白水平，弥补夏季高温导致的采食量下降和营养摄入不足的问题，维持较高的产蛋性能。

（3）合理的光照　光照对鹅的产蛋性能有非常大的影响。对于南方短日照繁殖鹅种，开产时必须维持每天 11 小时的光照，这样的光照可以延迟繁殖活动的退化，延长产蛋季节并提高产蛋性能。采用这样的光照，无论在试验研究还是大群生产中，均能够将产蛋数量比自然繁殖提高 30% 以上。北方的长日照繁殖鹅种如扬州鹅、泰州鹅、豁眼鹅和籽鹅等，与引进的外来鹅种如霍尔多巴吉鹅和朗德鹅等，对于光照的应用较为复杂。这些鹅种一方面需要较长的光照促进其开产并快速达到产蛋高峰，但另一方面又必须限制光照过强、过长，从而延长其产蛋高峰、推迟繁殖活动的退化。通过在开产前维持每天 8 小时的光照，而在开产前至产蛋期维持每天 12 小时光照，则可以很好地促进鹅只开产，使之快速达到产蛋高峰，并且很好地推迟长光照引起的光钝化效应，从而延长产蛋高峰期、推迟高峰后产蛋性能的下降。这种做法比光照延长到每天 15～16 小时造成产蛋快速上升然后又快速下降的做法，至少增加产蛋 50%。

　　夏季强光照射和高温容易产生类似于光照过长的效果，两种情况都将加快光钝化效应的发生，缩短产蛋高峰期，导致繁殖退化和产蛋下降提前发生。在运动场上搭建至少高 2 米的凉篷，或架设遮阳网、栽种葡萄丝瓜等藤蔓植物形成遮阳栅，甚至在人工水池上方也能够架设凉篷或遮阳网防止阳光照射造成水体温度过高，都可以降低对鹅的热应激。其次，广东等地的一些南方山区，采用自然通风的简易棚舍开展鹅反季节繁殖生产，将鹅关闭于舍内接受每天 11 小时的短光照处理，显然容易造成热应激。当地采用将鹅于早晨 4：00 至上午 8：00 或 9：00 较凉爽时，将鹅关入舍内接受短光照处理，而避开下午或傍晚温度较高时关入鹅舍，能够较好地避免鹅产生热应激，从而保持较高的产蛋性能。建有负压通风、湿帘降温环控鹅舍的鹅场，则可以在白天将鹅都关闭于降温舍内，避免热应激或中暑，对于提高或保持母鹅产蛋性能非常重要。

76 种蛋受精率和孵化率下降是什么原因造成的？

　　相对于产蛋性能仅是母鹅繁殖活动的反映指标，种蛋受精率则更多的是公鹅繁殖性能的指标。问题 75 列举的影响母鹅产蛋性能的诸因素，也都会通过类似的影响繁殖内分泌活动，影响公鹅的繁殖机能，从而影响到种蛋受精率。此外，种蛋受精率还与公母鹅比例、公鹅类型和体型大小等因素有关。

　　（1）公鹅体型　公鹅体型大小对种蛋受精率有显著的影响，一般小体型鹅种具有较高的种蛋受精率，大体型鹅种如欧洲鹅种和狮头鹅，种蛋受精率相对较低。特别是狮头鹅，某些系的公鹅接近 10 千克体重，在人工授精时观察到的精子活力较为低下，也使种蛋受精率较低。这可能是因为大体型鹅体内脂肪过多，使瘦素分泌过高、促进生长发育的激素如卵泡抑素表达分泌较高，造成对性腺功能的抑制作用所造成的。

（2）公母鹅配比　鹅的一个特点是建立较为固定公母配偶关系。鹅群的规模数量过大，也容易导致公鹅与其固定配偶失散而无法及时配种，往往见到公鹅之间为争夺母鹅而相互争斗，导致无法配种使种蛋受精率下降。而如果减小群体规模或相应缩小活动范围，使公母鹅保持团聚，就可以使配种容易发生，相应使种蛋受精率上升。

（3）环境污染　"鹅—鱼"综合生产体系中水体细菌和内毒素污染会严重降低种蛋受精率。过高的水体载鹅密度，由于造成水体的细菌和内毒素污染，除了导致以上母鹅产蛋性能下降外，还会严重降低种蛋受精率。但在某些情况下，即使严格控制了每平方米1只鹅的水面载鹅密度时，由于陆地运动场严重不足致使公母鹅大部分时间都在水面活动，其向水中排泄的粪便、源自粪便的细菌和氮、磷等物质仍然超过限度，也会严重降低种蛋受精率和孵化率。

另一些常见的情况是，在种鹅生产与养鱼相结合的生产中，虽然水面载鹅密度符合标准要求，但是养鱼生产中需要抛洒大量鱼饲料，仍然导致水体的严重富营养化、细菌和内毒素污染问题和种蛋受精率严重下降问题。

还有一种情况是为了降低养鹅饲料成本，向养鹅水面投放过量水葫芦或青草等，但又未能及时清理残余草料，致使其在水上变质腐烂，也会造成水体细菌和内毒素污染及种蛋受精率的严重下降。

（4）滥用药物　滥用药物或抗生素使用不当，会使种蛋受精率严重快速下降，其机制可能与破坏肠道中菌群平衡有关。这会导致细菌内毒素的大量释放并进入鹅机体，造成机体组织的过度炎症反应，危害生殖系统，使公鹅短暂丧失繁殖能力。

77 提高种蛋受精率的措施有哪些？

（1）保持适当的公母鹅比例　针对不同鹅种和不同的养殖方式，需要使用适当的公母鹅比例，才能确保良好的种蛋受精率。副业养殖中仅几十只的养鹅规模，公母比例可以保持较低，达到1：

(7～8）的程度。而利用水质良好的水面大群（1 000 只种鹅）养殖时，公母比例需要保持在 1∶6，才能获得良好的受精率。离水地面养殖时，比例需要提高到 1∶（5～5.5）。在离水舍内养殖欧洲鹅种如朗德鹅和霍尔多巴吉鹅时，需要进一步提高公母比至 1∶3。

（2）保持鹅群生活环境洁净健康 对于南方利用水面进行的种鹅生产，需要树立"保护鹅健康才能获得生产性能"的养鹅理念，必须采取各种措施避免或降低水体有害菌和细菌内毒素污染。首先在鹅场规划建造时，要尽量扩大水面运动场的面积，使其至少是陆地运动场的 1.5 倍，或使单位水面的载鹅密度控制在每平方米 1 只以下。为了避免鹅钻咬塘底污泥沾染其中有害菌的问题，养鹅水面深度至少需要 1.0 米，并且在距塘基 2 米处架设围栏阻隔鹅与塘基接触。在山区山涧清洁水源供应时，要时常利用清洁水源更换塘水，以降低鹅池水中有害菌和毒素污染。在不影响鹅活动前提下，在水面上应用增氧机提高水体溶氧，也能起到降低有害菌和内毒素污染的作用。

降低水体有害菌和内毒素污染的举措，是通过向鹅饲料中添加益生菌如芽孢杆菌，使之在鹅肠道中竞争性抑制有害菌的增殖及在粪便中的排放进行的。同时，每周 1 次向水面喷洒光合细菌调节水质，光合细菌在水体中生长繁殖时会吸收利用氮、磷等营养物质，从而剥夺有害菌的营养供应，抑制其在水体中的增殖和内毒素污染。这种向饲料和水体联合应用益生菌的做法，不仅可显著提高种鹅受精率和孵化率，而且还能够显著提高所生产的雏鹅质量和生长性能。

对于北方离水舍内养殖的操作，除了建造高旷易通风的鹅舍，降低舍内空气中病原、毒素、臭气浓度，提高鹅健康之外，还需要做好日常清粪工作，保持鹅舍清洁卫生，防止鹅通过吃食粪便染病。在鹅舍内采用离地 80 厘米的高床架养，利用漏缝地板将鹅与粪便脱离接触，也能够提高种蛋受精率。在运动场设置活动水池，使鹅只在水面易于交配，能够很好地提高种蛋受精率。在夏季水温升高时，需要及时或频繁更换池水，以避免鹅受其中细菌和毒素危害。此外，还需要及时清扫运动场，以避免污水和粪便积聚，减少对鹅的污染危害。

（3）维持环境舒适　在夏季高温时，需要对鹅进行降温处理，特别是江苏、浙江地区三伏天午间气温可达到40℃以上，运动场水泥地面发烫会烧伤鹅脚蹼，水池中水温也急剧升高。为防止热应激及母鹅产蛋性能和种蛋受精率的下降，此时需要对鹅进行降温处理。一般在上午8：00—9：00气温升至30℃时，将公母鹅关闭于鹅舍内，然后开启风机和湿帘，可以使鹅舍内气温降低至30℃左右，直至傍晚17：00—18：00时将鹅释放至运动场上。建造现代化环境控制鹅舍，可以很好地避免鹅发生热应激，从而保证采食量、产蛋性能和种蛋受精率。如果在鹅舍中安装风速调流膜，使来自湿帘的低温气流更多地在鹅活动空域流过，还能降低空气中的有害菌、臭气等的浓度，提高空气洁净度，降低对鹅的污染危害，提高鹅的健康程度和生产性能。

（4）采用人工授精　人工授精技术的应用，可以克服公母鹅因为繁殖季节、体型大小方面差异造成的配种困难问题，从而提高种蛋受精率。在对公鹅的采精过程中，还可以检查其生殖器官，及时剔除生殖器官受到细菌感染的公鹅，从而避免本交中将病菌传染给母鹅，保持母鹅生殖道的卫生，减少炎症发生，提高种蛋受精率。

78　如何开展人工授精？

鹅的人工授精步骤主要包括采精、精液品质检查、精液保持和稀释、输精等。

（1）采精　最常用的鹅采精方法是背腹式按摩采精法。一般由两人合作采精，其中一人左手抓住公鹅双腿并使鹅头、颈朝向左胳膊，然后右手拇指和其他四指自然分开，以掌面贴在公鹅两翅内侧背部，向尾部区域快速按摩并往返多次。经过训练的公鹅在按摩1～2次即出现性反射，表现出尾羽上翘，泄殖腔外翻，阴茎勃起伸出。采精员则继续用右手翻转公鹅尾羽并用拇指和食指放在勃起的阴茎两侧挤压。在阴茎充分伸出时，另一人则将集精杯送上接住阴茎，并在公鹅腹部柔软处触动按摩几次，即可促使精液射出。采精在连续挤压几次最后无精液流出时即告完成。

（2）精液品质检查　精液品质检查包括外观检查、精液量检查、活力检查和密度检查，该工作的目的是保证精液的质量和稀释倍数，从而有效提高种蛋受精率。

公鹅的精液外观呈乳白色，采精量则变化较大，0.1～0.6毫升。不同公鹅的精液品质也有很大差异。将精液与灭菌生理盐水按1∶1稀释后涂抹玻片，置于显微镜下观察，可以进一步检查精子活力。需挑出精子活力高，如达到8～9级的精液用于输精，才能获得良好的种蛋受精率（达到90％左右）。

（3）精液稀释　由于没有鹅专用的精液稀释液，一般用灭菌生理盐水稀释，按1∶1或1∶2稀释。稀释后的精液应马上用于输精，搁置时间延长将使精子活力很快下降，严重影响种蛋受精率，故鹅精液稀释后几乎不进行保存。

（4）输精　一般采用直接插入阴道输精法进行母鹅的输精。输精时由两人配合，其中一人（助手）将母鹅固定在输精台上，另一人（输精者）左手将母鹅的尾羽拨向一边，大拇指紧靠泄殖腔下缘，轻轻向下压迫，使泄殖腔张开，右手持输精器插入泄殖腔后再向左下方插入5～7厘米，输精器便插入阴道内。此时母鹅较敏感，呈蹲伏不动之状，输精者左手拇指放松，稳住输精器，右手用输精器输入所需的精液量，然后拔出输精器，输精即完成。通常每只母鹅每次输入稀释后的精液0.025～0.03毫升，产蛋后期生产性能降低，应适当增加10％～20％的输精量。利用活力强的精液输精，在间隔时间5～7天输精一次的频率下，可以使种鹅受精率维持在85％以上。输精器应清洗干净并消毒，以免造成母鹅输卵管炎症及受精率甚至产蛋性能的下降。

（5）推广应用问题　人工授精技术仅在科研工作，以及利用不同父母亲本生产高产杂交母鹅时被应用，很少被应用于商品雏鹅的规模化群生产中。这是因为种公鹅精液品质有较大的差异，难以保证种蛋受精率。如有些公鹅的精液活力很好，输精后可使种蛋受精率达到90％以上。然而许多种公鹅可能因为长期频繁地抓鹅、采精等，造成应激使其精子活力低下。还有一些农户选择极其大型种公鹅，以提高杂种后代的生长性能，可能在不经意间造成种鹅公过肥，反而会抑制生殖机能，降低精子活力。精子活力低下常常会降低种蛋受精率，使之一般维持在60%～70%。因此，选择抗应激能力强、精液品质稳定的公鹅进行人工授精技术的推广，是值得深入研究的课题。

79 怎样衡量种鹅的生产性能？

生产管理和技术应用良好的种鹅，一般都能表现出正常的生产性能，如鹅群的产蛋性能、日产蛋率、种蛋受精率和孵化率等指标。

不同的鹅品种产蛋性能有很大差异（详见第二章有关内容），但由于大群生产中的管理、环境条件、饲喂精细程度和种质混杂等原因，以上大群生产中的数据一般都要低于采用专门的家系选育的育种群产蛋性能，也会低于饲养几十只种鹅且有条件放牧的副业生产鹅群。如果大群（800只种鹅以上群体）生产能够获得以上的产蛋数，即表明已经获得了正常的生产水平和性能。

由于鹅的繁殖活动受光照影响较大，因此在不同的季节或开产的不同时段，其产蛋性能有较大的差异。如扬州鹅在自然光照下于秋季开产，但在秋季的产蛋性能一般在25%～30%，仅在春季2—3月日照延长时能够达到40%～50%，然后在5月即急剧下降到10%以下。对于孵化鹅种如马冈鹅、狮头鹅，产蛋季节内的高峰产蛋率为25%～30%，发生孵化时的低谷产蛋率在10%左右。在反季节繁殖生产中，采用人工光照调控时，往往使开产后的产蛋率很快上升到高峰，在扬州鹅能够达到40%产蛋率，持续2～3个月后产蛋率将持续下降。

种蛋受精率与公鹅和母鹅的交配效率和交配质量相关，包括先天的品种特性、种鹅年龄和后天的培育及饲养管理相关，涉及的因素包括品种特点、种鹅质量（尤其是公鹅质量）、公母比例、养殖模式、交配方式、饲养管理、养殖环境等。如狮头鹅在公母比为

1：（5～6）时，种蛋受精率能达到 70%～80%；乌鬃鹅在公母比为 1：（6～10）时，种蛋受精率达到 85%～90%；马冈鹅在公母比为 1：（5～7）时，种蛋受精率达到 85%～90%；五龙鹅公母比为 1：（6～7）时，种蛋受精率可达 90%～95%；皖西白鹅在公母比为 1：（4～5）时，种蛋受精率为 80%～85%；浙东白鹅在公母比达 1：15 时，种蛋受精率能达 90% 以上。培育品种或品系，如扬州鹅在公母鹅比为 1：（6～7）时，平均种蛋受精率 90% 以上；天府肉鹅配套系在公母比为 1：4 时，种蛋受精率达 85%～90%；长白鹅配套系在公母比为 1：（5～6）时，种蛋受精率 85% 以上。国外引进的鹅种，如莱茵鹅和朗德鹅等，种蛋受精率较低，在公母比为 1：（3～4）时，种蛋受精率仅 70%～80%。

　　另外，2 岁鹅的种蛋受精率最高，之后越是老年鹅受精率越低。良好的饲养管理和应用供给对种蛋受精率有着关键性的影响。管理正常的鹅群，在获得正常的产蛋性能同时，种蛋受精率在夏季反季节繁殖生产时应该达到 85%～92%，而在秋季天气凉爽时则要达到 90%～95% 的水平。同时，鹅的繁殖性能往往与其所处生活环境的卫生程度有关，环境卫生的鹅群产蛋性能、种蛋受精率等都较高。受精蛋孵化率也与受精率相辅相成，受精率越高的种蛋，其孵化率也越高，在凉爽时节应该达到 90% 以上，高于夏季炎热时节。

80　休产期种鹅的饲养管理工作有哪些？

　　经过一个产蛋季节，种鹅产蛋性能和种蛋受精率都不断下降，同时许多鹅都出现换羽现象，此时即进入休产阶段。对于一些种鹅仅利用第一个生产季的地方，此时即可以将全部种鹅淘汰，同时对鹅舍进行清扫、消毒和空舍处理两周时间，期间对鹅舍灯具、饮水和饲喂设备、通风降温设备和卷帘等进行检修，保证一切设施设备工作正常，从而为迎接下一批育成种鹅入舍开展下一轮生产做好准备。

　　对于需要继续进入下一阶段开展生产的鹅群，首先要根据种鹅体况，挑选体型符合要求的健康种鹅，淘汰瘦弱有病鹅。对于正常健康种鹅，民间有选留耻骨间隙在3指以上、仍然处于产蛋状态的母鹅的做法，这些种鹅有可能是具有较长产蛋周期的高产种鹅。规模小的鹅场会向鹅群补充后备育成鹅；规模大的鹅场则将相似年龄的种鹅合并，构建新的生产群，其中公鹅数量要比规定比例稍有增多。

通常种鹅的休产期为3个月左右，此阶段前期2个月的饲喂与育成期相同，主要以粗饲料限制饲喂为主，将产蛋期日粮改为育成期日粮，提高鹅群耐粗饲能力，降低饲养成本。休产期的最后1个月，则需要重新开始产蛋前的恢复饲喂，以使鹅恢复体况，促进卵泡发育及时开产。

一些鹅场在休产期内还会对种鹅进行统一拔毛处理，反季节繁殖生产则还配合进行新一轮光照处理，以调整种鹅繁殖活动，为下一轮产蛋做准备。

在休产期需要对继续使用的种鹅进行免疫接种。硬件建设高档、生物安全过关、养殖环境控制良好的鹅场或鹅舍不需要接种过多疫苗。一般仅免疫对种鹅危害较大而又无法用其他方法防治的疫病如禽流感和副黏病毒病。在3个月的休产期内，可以接种H5N2疫苗，同时接种H9和LaSota二联苗1次或2次。要特别注意，将最后1次疫苗接种安排在休产2.5个月左右，或在预期产蛋前10~15天。在卫生工作良好的鹅场，开产前的免疫接种可以保护种鹅达8个月左右时间，使之在之后的8个月产蛋期内不需再接种任何疫苗。

81 种鹅的利用年限是多长？怎样发挥其最大生产性能？

不同的鹅种在各年龄段的繁殖性能有很大差异，利用年限不尽相同。在自然繁殖状态下，新疆伊犁鹅在春夏季孵出，至翌年3—4月1周岁时首次进入繁殖状态，产蛋7~8枚，第2产蛋年为10~12枚，第3产蛋年为15~16枚，此时已达产蛋高峰，稳定几年后，至第 6 年产蛋量逐渐下降，至第 10 年又降到第 1 年的水平。母鹅在当地一般饲养至 6~7 年淘汰，个别好的可养 10~16 年。

广东省的鹅种如马冈鹅等，自然繁殖状态下每年平均产蛋 35 枚左右，但一般在第 2 个产蛋年时产蛋最多，达到 40 枚左右，之后逐渐缓慢下降。为了降低种鹅培育成本，马冈鹅和狮头鹅等都需要利用 4~5 个产蛋年，在其产蛋性能降至 30 枚以下时进行淘汰。而在反季节繁殖生产模式中，由于人工光照能够很好地提高每年的产蛋性能，达到 40 枚以上，而且在第 3 产蛋年时，产蛋性能和种蛋受精率都有较大下降，因此在完成第 3 年产蛋年后即将鹅淘汰。反季节繁殖生产比自然繁殖时更早淘汰老鹅，一方面是农民已经获得了良好的经济收益，可以弥补种鹅培育成本；另一方面是近年淘汰老鹅的市场价格比以往更高，也能获得良好的经济回报。

江苏地区传统的种鹅生产中，仅使用 1 个产蛋季即淘汰老鹅。农家一般在春季 3—4 月选留雏鹅，然后在夏季培育后备鹅，到秋季 9—10 月鹅 7~8 月龄时即可进入性成熟开始产蛋，并在翌年 2—3 月达到产蛋高峰，至 5 月鹅完成第 1 个产蛋季休产时即将之淘汰。然后重新选留雏鹅作为下一产蛋季节的种鹅培育。这种只利用 1 个产蛋季节的做法，完全是出于经济考虑的目的，是在无法控制鹅产蛋季节性的情况下，避免支付鹅从春季至秋季开产有长达 5~6 个月的休产期的大量饲料成本。然而此种做法也无法获得最佳的生产性能和经济效益。在目前能够采用光照调控繁殖季节的前提下，不仅能够缩短休产期，而且第二产蛋季的产蛋性能、种蛋受精率和重量均优于第一产蛋季节，母鹅平均生产的雏鹅数量和质量都高于第一产蛋季。因此，在目前采用的现代设施开展的种鹅反季节繁殖生产模式中，可以通过利用 2 个产蛋季节来降低生产成本，提高生产性能和经济效益。

第七章　鹅的反季节繁殖生产

82 鹅的繁殖季节性怎样划分？

国内通过国家畜禽遗传资源委员会审定的 31 个地方品种和 1 个培育品种，以及从欧洲引进的几个品种如朗德鹅、莱茵鹅、霍尔多巴吉鹅等，大致可以分为 3 种繁殖季节性类型。

（1）春季开产的长日照繁殖型　这一类鹅种以分布在北纬 40°～50°较高纬度地区的东北籽鹅和伊犁鹅等为代表。这些鹅种在春季 1—3 月开产，产蛋高峰发生在 3—5 月，然后在 6—7 月进入休产期。另外一个特别的品种是皖西白鹅或固始鹅，其产蛋季从冬季 1 月开始，产完两窝蛋后于 4 月结束。

（2）秋季开产的长日照繁殖型　这一类鹅种以分布在北纬 30°～35°中部地区的扬州鹅、泰州鹅（民间培育未审定的品种），以及一些引进的鹅种如朗德鹅、莱茵鹅为代表。其产蛋从秋季 10 月开始，但在秋季产蛋性能一般较低下，只有在冬至过后光照不断延长时才达到产蛋高峰期，然后在 4—5 月光照进一步延长时进入休产期。

（3）短日照繁殖型　以北纬 22°～30°的广东马冈鹅、狮头鹅、太湖鹅、四川白鹅和浙东白鹅等为代表。这些鹅种在夏至过后一定时间开产，产蛋高峰发生在冬季，然后在春季 4—5 月进入休产期。

由于存在三种不同的繁殖类型的鹅种，生产上在建立杂交体系时，往往遇到鹅种之间繁殖状态不匹配的问题。例如，一种繁殖类型的公鹅与另一种繁殖类型的母鹅合群杂交时，在自然光照下其繁殖活动前后不一致，往往造成种蛋受精率低下的问题，或者许多公鹅争抢与母鹅交配导致公鹅的争斗及母鹅的死伤等问题。协调不同繁殖型的公母鹅的繁殖活动，使之同步化并正常交配杂交，对繁殖调控的技术研发和种鹅生产的精细管理提出了新的挑战。

83 鹅的繁殖季节性是怎样形成的？

我国从北到南各鹅种的繁殖季节呈现从春季开始不断提前发生的变化趋势，繁殖产蛋季节在逐步提前的同时也逐渐延长。近年各地引进了朗德鹅开展肥肝生产，在北部（山东淄博）、中部（湖北天门）和南部（广东茂名）三地的朗德鹅，其产蛋季节性分布也表现出从北向南不断提前发生、产蛋期逐渐延长的特点。这些现象说明鹅能够很快适应居住地的光照环境和其他环境变化，调节自身的繁殖活动或季节性。

在影响动物繁殖季节性的环境因子中，气温、雨水和饲料营养供应极易受各种影响发生变化，而全年的光照则最为精确稳定和有规律性，是调节包括鹅等各种动物繁殖季节性活动的最重要因素。对于家养动物，人类为其提供的舒适栖息环境、营养全面的饲料，以及对生产性能的持续选育，也都一定程度影响其繁殖性能，使其繁殖季节性发生一定程度的变化。

在不同的地理位置，由于纬度的不同，白天日照时间变化速率有较大差异。如北方地区日照变化幅度较南方地区大得多，而且北方秋冬季日照很短，气温寒冷，这将严重抑制鹅的繁殖活动。而在冬至过后，北方日照迅速延长，光敏感效应也很快促进鹅快速进入繁殖状态，在春季产蛋性能很快上升至高峰。另外，北方在夏季白天特别长，其光钝化效应也随之很严重，使鹅在夏季快速进入休产期。相比之下，南方如广东省的全年光照变化幅度较低，光敏感度及光钝化效应都不如北方快速，使得广东鹅种的产蛋起始和终止均较缓慢，表现出较长达到8个多月的繁殖产蛋期。再加上南方冬季较为温暖，使繁殖期来得比北方更早，于夏至过后不久光照缩短较少时，鹅即进入繁殖状态成为短日照繁殖鹅种。在中部地区的鹅种，其繁殖季节就介于南北两种类型之间成为过渡型。

目前的新疆飞鹅或伊犁鹅应该属于驯化不完全的家鹅，其产蛋仍类似于野生大雁，在春季仅产一窝蛋。与其相类似的是皖西白鹅，虽然也是经过长期驯养的家鹅，但其产蛋性状也非常原始，仅在冬末春初产两窝蛋。皖西白鹅类似于野雁的繁殖季节和低产性状，可能是其处于大别山区较为隔离，仅能依赖天然饲草资源生存生产，同时也缺乏遗传选育之果。

在鹅等禽类，光照信号影响到下丘脑的神经感受器，影响促性腺素释放激素（GnRH）和促性腺素抑制激素（GnIH）的分泌，两者通过垂体门静脉血液供应脑垂体，调节脑垂体分泌促性腺激素促黄体素（LH）和促卵泡素（FSH），LH 和 FSH 促进公鹅睾丸发育或母鹅的卵泡发育及产蛋，同时促进睾丸或卵泡分泌性激素，促进公母鹅的繁殖交配活动。

光照信号在影响垂体促性腺激素分泌的变化时，还影响另一种激素催乳素（PRL）的分泌。特别是春夏季不断延长的光照，会促进下丘脑分泌血管活性肠肽（VIP），该激素会促进垂体分泌催乳素（PRL）并使其血液中浓度维持非常之高。高浓度的 PRL 会抑制下丘脑 GnRH 的分泌和垂体 LH 的分泌，从而降低对睾丸或卵巢的刺激或使之萎缩，最终使鹅进入非繁殖状态或休产季节。垂体 LH 和 PRL 分泌的季节性变化，最终影响性腺活动，使鹅的繁殖活动局限于某个特定的季节。

鹅繁殖季节的开始和终止，都与下丘脑内 GnRH 和 GnIH 形成和分泌的量或二者平衡情况有关。对于长日照繁殖鹅种，日照或人工光照从短变长时，会促进下丘脑分泌更多 GnRH，促进繁殖活动。生殖系统对光照延长启动繁殖活动的反应，被称为光敏感效应。北方长日照繁殖鹅种在经过繁殖高峰期于 5—6 月进入休产期时，导致其繁殖活动退化的因素是此时仍在延长且达到 15～16 小时的光照，此种光照抑制下丘脑 GnRH 分泌、促进 GnIH 分泌，从而降低垂体 LH 和 FSH 分泌，最终导致休产。此种长时间接受过长光照后导致繁殖活动退化和休产的现象，称为光钝化效应。

84 鹅的季节性繁殖对产业发展有什么样的影响？

　　繁殖的季节性现象指鹅在全年的某一些季节或月份内产蛋繁殖，而在其他季节或月份中完全休产，这种季节性繁殖的规律，对于某一特定鹅种都是年复一年固定不变的。野生动物由于在野外生活，需要根据周围自然环境中气温、饲（草）料和水资源丰富度的季节性变化，调节自身的繁殖活动，以便在最适环境条件下繁殖和养育子代，同时避免在不利于子代生存的季节进行繁殖，从而形成了季节性繁殖规律。虽然人类把野生雁类驯养为家鹅至少已有几千年的历史，在目前家养条件下能够全年稳定为其提供营养充足的饲料和舒适的人工栖息场所，然而家鹅仍然保留了野生雁类的强烈的繁殖季节性行为特性。

　　鹅的繁殖季节性特性，导致雏鹅的生产和市场供应也呈现严重的季节性变化，同时肉鹅生产、鹅肉加工和市场消费也都相应呈现严重的季节性变化起伏。这种生产、加工和消费的季节性变化或起伏，由于无法进行长期、持续和稳定的供应，严重制约鹅肉品消费市场的培育及肉鹅的专业化规模化生产经营，是养鹅业长期无法现代化发展的重要制约因素。因此，从产业发展和消费市场培育出发，需要克服鹅的繁殖季节性问题，以使肉鹅生产能够达到全年均衡或稳定。

　　在实际生产中，种鹅的季节性繁殖产蛋造成了雏鹅生产的淡季和旺季。这常常导致雏鹅销售价格的大起大落。如在广东省，由于当地的马冈鹅、狮头鹅等地方品种在冬季进入产蛋高峰，雏鹅上市高峰期恰逢传统的春节休闲时节，农户养鹅意愿低落；加上冬季气温低育雏不易，一些传染病如禽流感等流行较多，导致冬季养鹅成活率低及成本较高。这些因素使冬季雏鹅市场售价跌入亏损水平。在夏季的鹅非繁殖季节，因气温较高，育雏便利，同时饲草丰足，使得养鹅成本较低，农民养鹅积极性高涨，但由于种鹅休产导致市场严重缺乏雏鹅供应，因而使雏鹅价格迅速上涨，如夏季狮头鹅雏高峰价格可以达到 50 元以上。显而易见，养殖生产者为了避免冬季的亏损和追求夏季的利润，同时为了调节肉鹅全年生产和供应的均衡性，都需要调整种鹅的繁殖产蛋季节性，在春夏秋非繁殖季节进行"反季节"繁殖生产。

85 调控鹅繁殖产蛋季节的方法有哪些？

我国南北不同鹅种的产蛋季节、产蛋性能及对畜牧饲养条件的反应有较大差异，如东北籽鹅或豁眼鹅对良好的营养也有较好的反应。因此，在难以控制光照或提供人工光照的条件下，也可以应用畜牧生产措施在一定程度上调节种鹅繁殖性能和季节性。如东北地区，豁眼鹅或籽鹅高产蛋性能很高，一般在春季开始进行繁殖季节，随后在夏季7月进入非繁殖季节。但在秋季9月通过给予均衡全面营养或全价日粮而非仅仅是放牧，又可以诱导鹅在秋季表现出第二个繁殖产蛋季节。只是用营养诱导的秋季产蛋高峰要比春季产蛋高峰低得多。江苏地区的一些农民则通过在育成期限制饲喂，然后到秋季光照缩短时提高营养水平，也能使鹅适度提前在8月下旬开产。

在江苏扬州地区流行一种通过选留后备雏鹅，使之在秋季适度提前开产的做法。扬州鹅一般在7～8月龄才能性成熟，但性成熟仅发生在光照不抑制繁殖活动表现之时，即不在夏季长光照抑制繁殖活动的时节。当地传统的做法是在春季3—4月选留雏鹅，使之到秋季11月光照缩短时达到7～8月龄性成熟并开始产蛋。但如果在1月选留雏鹅，则其在9月时就可以性成熟并开产。如此提前2个月生产和销售雏鹅，可以获得较好的售价，相应提高种鹅生产的经济效益。然而进一步在12月提前选留雏鹅，到7～8月龄恰遇7—8月抑制繁殖活动的长光照而不能性成熟，产蛋必须等到9月光照缩短到一定程度时才开始，此时鹅已经达到9～10月龄。由于到开产时已经多饲养2个月而使种鹅培育成本更高，使该种在12月超前选留种鹅的方式在生产上不受欢迎。

尽管民间存在以上采用提高营养水平和适当提前选育雏鹅使种鹅能够在秋季一定程度提前开产的做法，但这些技术仅能对鹅的繁殖季节性进行微调，所获得的产蛋性能和种蛋受精率均低于正常水平，更不能在夏季7—8月使鹅开产。只有采用光照调控，才能彻底克服鹅的繁殖季节性问题，从而在夏季7—8月正常繁殖生产雏鹅。

86 开展种鹅反季节繁殖生产的原理是什么？

由于鹅的繁殖活动主要受光照调节，因此可以应用人工光照调节鹅的繁殖产蛋活动，特别是诱导鹅在夏季非繁殖季节进行反季节繁殖生产。其原理就是利用光照使鹅产生光敏感和光钝化两种不同反应，在自然生产的夏秋季非繁殖季节，通过光照调节使鹅很快进入繁殖产蛋状态达到产蛋高峰，通过提高生产性能尽可能获得良好的经济收益；同时还需要推迟光钝化效应的发生，从而推迟鹅繁殖活动的退化，以尽量延长产蛋期，提高产蛋性能和总体收益。

以广东省短日照繁殖鹅种马冈鹅为例，长光照抑制而短光照促进其繁殖活动，但要诱导鹅在春夏季进行反季节繁殖生产，必须将长短光照按先后顺序结合应用。其思路和过程是：冬季开始延长光照至每天18小时，抑制鹅的繁殖活动或诱导其休产，或者使鹅养精蓄锐从而对短光照产生良好的光敏感反应；然后在春夏季缩短光照使鹅重新开产并获得良好的反季节繁殖生产性能。这种做法，类似于先将弹簧压缩，然后即可以使之伸展得更长的现象。

对于中部和北方地区的长日照繁殖鹅种，虽然光照对繁殖活动的调控与南方短日照繁殖鹅种不同，但诱导鹅在夏季反季节繁殖的思路和原理也一样，也需要采用光照诱导鹅在冬春季休产，并使之经过一段时间产生对长光照的敏感性，然后在春夏季延长光照使之进入繁殖产蛋状态。

87 南方地区短日照繁殖鹅种的光照程序是怎样的？要点是什么？

南方广东省的马冈鹅和狮头鹅，四川的四川白鹅，以及江苏、浙江地区的浙东白鹅等都属于短日照繁殖动物。理论上为其提供一个与自然光照变化趋势相反的人工光照程序，即可以使之在冬季休产，然后于春季重新开产并继续保持繁殖能力直至秋季。具体做法包括休产和重新开产两个阶段。第一阶段是在冬至之后日照开始延长时，在12月至翌年1月中旬左右，于夜间给鹅补充以人工光照（强度为50～80勒克斯），加上在白天所接受的自然的太阳光照，使一天内鹅经历的总光照时数达到18小时。在长光照处理经过75天后，就进入第二阶段的短光照处理。此时将光照缩短至每天11小时，即可以使鹅在接受短光照处理约25天后重新开产，并且只要光照维持在每天11小时，就可以使鹅在夏季非繁殖季节表现出良好的反季节繁殖生产性能。

以上光照程序在前期以每天18小时光照处理种鹅前后共75天的重要性，在于尽量缩短休产期或非繁殖期，以留出更多的短光照处理时间或产蛋期时间，尽量提高鹅在反季节繁殖时期的总产蛋数量或性能。而为了在较短的75天时间内使鹅休产并形成对短光照的光敏感效应，就必须使用大大超过夏季最长白天的光照时数（15.5小时）的18小时光照。其次，18小时光照由两部分组成，一是白天强度很高的阳光，二是夜间在鹅舍内的人工光照。此人工光照可以由日光灯、节能灯或当前流行的极为节能的LED灯提供。为使人工光照产生良好的反应，同时也不致产生过多灯具和电能成本，使舍内在鹅头部高度产生50～80勒克斯的光照度即可。

在使用以上光照程序即可控制好鹅的休产和开产过程后，行业中在鹅接受长光照处理40天左右人工拔去主副翼羽和尾羽的做法，目前已经被证明是不必要的，可以不用。但为了获得良好的反季节繁殖生产性能，还需要做好其他辅助性工作，包括正确饲喂，建造通风良好、防止热应激的鹅舍，以及利用水面养鹅生产方式中水体质量的控制等。

88 中部地区和北方地区长日照繁殖鹅种的光照程序是怎样的？要点是什么？

中部地区的扬州鹅、泰州鹅以及北方的豁眼鹅和籽鹅等，其反季节繁殖技术需要采用长日照繁殖鹅种适用的光照程序。该光照程序基本上与南方短日照繁殖鹅种所用光照程序相反，但为了提高反季节繁殖的生产性能，包括产蛋率和种蛋受精率，需要采用一个三阶段的光照程序。第一阶段是在冬季应用一个为期 28 天的每天 18 小时的长光照处理，第二阶段为一个 56 天的每天 8 小时的短光照处理，第三阶段为诱导产蛋的每天 11～12 小时的光照处理。如果在 1 月上旬开始光照处理，则鹅可以在 4 月下旬就开产，在 5 月下旬达到产蛋高峰期，并在整个夏季维持较高的繁殖性能，如产蛋率达到 35%～40%、种蛋受精率达到 85%～90% 甚至以上。

　　江苏等地扬州鹅、泰州鹅的反季节繁殖生产，一般采用两种方式进行夏季鹅反季节繁殖生产。①在冬季给正在产蛋的种鹅每天 18 小时的长光照处理 28 天，然后再使用每天 8 小时的短光照处理 56 天，使之休产和换羽，然后再在 4 月使用每天 11～12 小时的光照处理，使之重新于夏季开产并进行反季节繁殖生产直至冬季。②针对当地利用后备种鹅繁殖生产，在经过第 1 个产蛋季后即将其作为老鹅淘汰。在此情况下，首先需要利用以上第一种反季节生产方式，在 8—9 月选留以反季节繁殖方式生产的雏鹅，使之在秋冬季生长育成，然后在冬季应用三阶段光照程序，使后备鹅在春夏季 7～8 月龄时性成熟开产，并在整个夏季进行反季节繁殖生产。

　　由于中部和北方很多地区缺乏水资源，所以种鹅生产与南方不同，必须将鹅饲养于鹅舍和运动场，因此在炎热的夏季必须做好降温、防止热应激、种鹅食欲下降等问题，只有这样才能保持良好的繁殖产蛋性能。因此，生产中还需要给予良好的营养全面的饲料、合理地饲喂，以及建造通风良好、防止热应激的鹅舍等。

89 怎样进行南北不同繁殖类型鹅种的杂交配套？

　　我国南北方地方鹅品种，北方鹅种以产蛋性能高著名，但生长性能不足；南方品种体型大、生长快，但繁殖性能较低下。行业中需要通过杂交的手段实现南北方鹅种的优势互补，进一步提高生产性能和经济效益。由于南北鹅种繁殖产蛋季节性差异，自然繁殖生产难以达到交配期的同步化，使得普通杂交效率低、成本高、收益差。采用人工光照控制，使用合理光照程序处理南方或欧洲鹅种，使之繁殖活动与北方鹅种相协调，然后采用人工授精技术进行杂交，高效生产杂交雏鹅。进一步利用 F1 代与父本回交，则可生产体型外貌与父本相似的 F2 代商品鹅。采用此种杂交结合反季节繁殖生产 F1 代或 F2 代商品肉鹅，可以最大限度地提高种鹅生产的经济效益，使每只种鹅最高获得 800~1 000 元或更多的净利润。

因人工授精操作技术要求高，人工劳动强度大，大规模种鹅场应用难度高，需要研发更为简便的技术，使公母鹅的繁殖活动同步化，达到无人工干预下即可自然交配高效生产的目的。利用不同光照程序分别调控长短日照公母鹅，协调其繁殖活动使之同时进入繁殖期，在配种产蛋阶段合群并将光照统一调整到每天 11 小时。公母鹅即可正常繁殖交配，获得 90% 左右的种蛋受精率。应用这一技术协调公母鹅繁殖活动、提高交配繁殖效率，对于改良东北地区籽鹅将特别有效，对于提高南方地区种鹅生产效率和经济效益也有巨大潜力。

90 当前鹅反季节繁殖生产的经济效益有多高？

在当前，无论是南方的马冈鹅、狮头鹅等，还是中部的扬州鹅、泰州鹅和四川白鹅等，以及引进的鹅种如朗德鹅和霍尔多巴吉鹅等，通过在夏季的反季节繁殖生产，使其产蛋孵雏时期与鹅雏和季节性价格高峰相重合，即可以获得良好经济效益。同时在生产中由于采用人工光照处理种鹅，可以进一步调节种鹅的生殖内分泌调控机制，持续促进繁殖活动同时延迟繁殖退化或光钝化效应的发生，以此提高和延长产蛋高峰期生产性能、缩短休产时期，最终能将产蛋性能比常规自然季节生产提高 30%~50%。即采用人工光照程序处理的反季节繁殖生产，不仅改变鹅的繁殖季节性，而且大幅提高其产蛋性能，从而大幅提高种鹅生产的经济效益。具体的经济效益的提高程度，则还受到各鹅种的基础产蛋性能和鹅雏市场售价的影响。在马冈鹅和扬州鹅，反季节繁殖生产的经济效益一般是常规生产的 4～5 倍，使饲养一只产蛋母鹅的年净利润达到 250～300 元。而狮头鹅的反季节繁殖生产中，2 岁龄种鹅的生产性能最高，其产生的经济效益也是常规生产的 5 倍左右，但因为反季节鹅雏价格高达 70～80 元，因此每只产蛋母鹅产生的年净利润可达 500～600 元。其他鹅种如朗德鹅和霍尔多巴吉鹅反季节繁殖生产的经济效益也在每只母鹅二三百元。鹅反季节繁殖生产的经济效益如此之高，仍然说明夏季种鹅生产数量仍然较为有限，仍然无法满足产业发展的需要。

第八章　种蛋孵化

91 种蛋在入孵前需要进行什么处理？

收集来的种蛋可以不立即入孵，在经过缓慢降温后于低温状态下贮存两天再孵化，能够获得更高的胚胎成活率、孵化率和出雏率。种蛋贮存应注意以下事项：

①蛋贮存前必须经过熏蒸消毒。收集的种蛋静置回温后还要熏蒸消毒才能进入种蛋库。一般采用每 2 米³ 空间使用熏蒸消毒剂 1 克，熏蒸消毒 15 分钟。

②根据贮存时间设置贮存温度，一般 2～5 天孵化的种蛋设置贮存温度为 20℃，更长贮存时间的贮存温度可以设置 15～18℃。

③贮蛋库的湿度一般是在 50％ 左右，如果贮蛋库内湿度达到 70％～80％甚至以上可能会因为湿度过大导致细菌相互污染，大大降低贮蛋库空气质量。

④种蛋在孵化前 12 小时将空调调至换气状态，使种蛋缓慢回温，切忌因为温差过大在孵化排蛋时蛋壳表面"出汗"。

⑤有研究表明，种蛋竖着放比平放或随机摆放的孵化效果要好一些，竖着放以大头（气室端）朝下最为理想（表 8-1）。

⑥种蛋贮存的时间：一般在没有低温设备的情况下，种蛋在夏季的保存时间不宜超过 3～5 天，如果夏天天气炎热，气温在 30℃以上时，尽管种蛋能保存 2～3 天，但孵化率也会降低。研究表明在低温设备环境下，湿度为 50％，保存 2～3 天的种蛋受精率、活胚率最高，产出 48 小时以内或超过 5 天的种蛋受精率和活胚率都

低于保存 2～3 天的种蛋，其原因是种蛋低温贮存一定时间蛋清发生一定液化分解，能更好地为发育胚胎供应养分和代谢所需氧气。贮存超过 7 天的种蛋从耗氧量、细菌污染、水分丢失、胚胎活力等方面都会出现下降（图 8-1）。

表 8-1 种蛋放置方向对活胚率的影响

种蛋方向	入孵数	无精蛋	死胚蛋	受精率（%）	活胚率（%）	死胚率（%）
随机方向	272	6	16	97.79[a]	91.91[a]	5.88[a]
大头朝上	283	5	15	98.23[ab]	92.93[ab]	5.30[a]
大头朝下	282	5	13	98.23[b]	93.62[b]	4.61[b]
平放	274	8	18	97.08[a]	90.51[a]	6.57[a]

注：同列数据间字母连续表示（a，b）表示差异显著（$p<0.05$），字母不连续（a，c）表示差异极显著（$p<0.01$）。

⑦种蛋库禁止吸烟，经常通风换气，做好卫生清洁工作也十分重要。

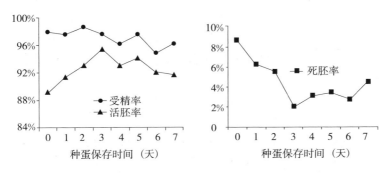

图 8-1 种蛋保存时间对受精率、活胚率、死胚率的影响

92 鹅种蛋孵化技术有哪些？

鹅蛋的孵化有母鹅自孵、摊床自温孵化和机器全自动孵化等技术。

（1）母鹅自孵 该方法是最为原始的孵化方法，将种蛋放置于铺有垫草的箩筐之内，然后将母鹅放于蛋上，每只母鹅只能孵化不超过12枚种蛋。此种方法适用于小规模种鹅生产，不需要投资购买孵化机。但是母鹅自孵容易造成蛋壳破碎，同时母鹅的产蛋性能也较低，目前在规模化种鹅生产中都已经不用。

（2）摊床自温孵化　将孵化中后期种蛋转移至摊床，由鹅胚胎代谢所产生的热量自行孵化。冬季气温较低时，需要较晚上摊床，如在孵化20多天时才将胚蛋上摊床。夏季室内温度较高时，孵化至13天的胚蛋就可以上摊床，并将新蛋置于摊床上原有蛋层内，如将新蛋与老蛋隔层交错平铺放置，以使原有蛋的热量促进新蛋孵化。摊床孵化目前在许多地方仍然被应用。孵化期间为了维持较稳定的温度，需要频繁移动胚蛋，造成较大角度的翻动或转动，可以有效促进胚胎发育，提高孵化性能。但是摊床孵化需要精细的人工看护，而且孵化规模也较有限，目前也有被自动孵化机器代替趋势。

（3）机器全自动孵化　将种蛋置于能够自动控制温度、湿度和翻蛋的自动孵化机中，由机器根据设置的温度、湿度和翻蛋参数自动运行，然后于孵化第28天转移至同样设置温度、湿度的出雏机中，即可于孵化30天孵出雏鹅。机器全自动孵化技术能够克服对劳动力需求的制约，可大大提高孵化能力，是目前规模化种鹅生产上的首选孵化方法。

93　全自动孵化过程中有何关键技术要点？

鹅种蛋的全自动孵化过程中，除了通过设定好温度、湿度和翻蛋参数让孵化机自动运行外，孵化室工作人员还需要进行照蛋、调温、喷水、落盘、出雏和助产等工作，以除去无精和胚胎死亡蛋，促进鹅胚胎正常发育，减少胚胎死亡率，提高孵化性能。

（1）孵化主要流程　一般在孵化第7天进行第一次照蛋，俗称头照，其目的是发现和剔除无精蛋（光蛋）、死精蛋（散黄蛋或早期胚胎死亡蛋）。在孵化第27天时进行第二次照蛋（二照）（有些操作中会于孵化第15天进行二照），剔除后期死胚蛋。然后将胚蛋都转入出雏机进行出雏。

孵化第 29 天（出雏机中）开始，鹅胚开始啄壳并破壳钻出。在出雏过程中，每隔 5～6 小时将孵出鹅雏取出放于雏鹅箱筐内，利用雏室内温暖空气使其继续干毛，待售。

有时许多鹅雏因为蛋壳粘身不能自行出壳，致其出壳过迟或胎死壳中，此时需要进行人工助产。可以挑选啄壳破口较大、露出的蛋壳膜开始发黄、壳内雏鹅叫声清脆洪亮的胚蛋，果断进行人工助产。接近孵化尾声、超过正常 30 天的孵化期时，只要种蛋已啄壳且鹅雏在壳内还存活、能发出叫声的胚蛋，基本都需要进行人工助产。孵化人员可以打开一小半蛋壳，但不完全将雏鹅拉出，而仍然保持雏鹅与壳中胎膜相连而不造成出血，然后利用出雏机中温度使雏鹅和胎膜慢慢干燥，最终使雏鹅烘干体表出壳。出雏尾声时，所孵出鹅雏大部分较弱（尾雏），需要精心饲养 1～2 天方可出售。

（2）温度控制　鹅种蛋的全自动孵化都采取温度前高后低的变温孵化模式。鹅胚胎前期发育缓慢，需借助较高的外部环境温度促进发育。胚胎在发育中后期，代谢加快可产生大量热量，故后期孵化温度较低。如广东马冈鹅种蛋的孵化，第 1～5 天孵化温度 38℃，第 6 天 37.8℃，第 7～14 天 37.6℃，第 15～26 天 37.4℃。出雏前期孵化温度仍然可维持 37.4℃，出雏高峰时可依据出雏状况、外界气温状况降低温度至 37.3～37.2℃，出雏尾声时又需提高孵化温度至 37.4℃，或者将最后较难出的弱胚集中上摊床加大温度、湿度促其出雏。

（3）湿度控制　湿度的控制原则为"两头高、中间低"：第 1～9 天为 60%～65%，此时胚胎形成羊水和尿囊液；第 10～26 天为 50%～55%，调节种蛋水分蒸发，促进胚胎正常发育；第 27～31 天为 65%～70%，防止绒毛膜与蛋壳膜粘连，促使雏鹅顺利啄壳出壳。

从孵化第 13 天开始，需要对胚蛋进行凉蛋处理，一般使用 38℃ 温水早晚喷水 2 次，以促进散发胚胎内部积热、调节孵化机内湿度并换气，同时喷水还可使鹅蛋壳变脆，以利于雏鹅破壳出雏。

夏天炎热时，还可以从孵化第 20 天开始，每天在中午时分将胚蛋（蛋车）移出孵化机凉蛋半小时左右。孵化后期凉蛋可使胚胎充分换气、吸收新鲜空气，提高孵化率。

（4）通风换气 孵化过程中胚胎通过气室进行气体内外交换，鹅胚到孵化后期的气体代谢量是初期的 100 多倍，需要通过良好的气体交换实现，即通过加大风门促进胚蛋的内外换气。有的较先进的孵化机可自动调节风门，但大部分的单体孵化机需要人工调节风门。调节风门的原则是前低后高，随着胚胎的发育，胚胎代谢增强，产气需气量增加。天气炎热的夏季，从种蛋孵化中期开始就应将风门调到最大，以充分换气。

94 影响鹅种蛋孵化率的因素有哪些？

鹅种蛋的孵化率（出雏率）和健雏率受包括种鹅、种蛋和孵化技术等多个因素的影响。

（1）种鹅有关因素的影响 ①遗传因素：种鹅的遗传结构与孵化率有关，鹅的品种、品系不同，其孵化率有一定差异；近交时孵化率下降，杂交时孵化率会有所提高。有些农户采用两种不同繁殖产蛋季节的鹅种进行杂交，由于两鹅种繁殖季节性不同步，导致公、母鹅难以交配，使种蛋受精率非常低。

②种鹅年龄：初产母鹅特别是 200 日龄以下母鹅所产蛋过小，其内所含胚胎发育的营养物质过少，使所孵化的胚胎或雏鹅过小、体弱，孵化率较低。2～3 岁母鹅体型较大，所产蛋个大形正，孵化率最高，孵化鹅雏质量也最好。而后随年龄增长逐渐下降。

③种鹅营养：不同配合方式的饲粮供给会带来孵化率的明显影响，如饲料中缺乏维生素 A、核黄素、锌等营养元素，会导致孵化率和残雏率明显上升。有些鹅场采用劣质原料特别是发霉玉米配合饲料，玉米中的霉菌毒素将损害种鹅生殖机能，特别是在卵泡发育过程中抑制卵黄膜的生长，使之在孵化过程中破损造成散黄并致胚胎死亡，降低孵化性能。

④种鹅健康状况：在养殖环境良好的状态下饲养的种鹅一般较

健康，其所产蛋较少受到有害病原及毒素的污染，受精蛋孵化率一般很高，可以达到 90% 以上。如果养殖环境恶劣，则环境中所存在的各种病原特别是其释放的毒素，如细菌内毒素（LPS），将被种鹅大量摄入并进入血液循环。LPS 是脂溶性物质，与蛋白质一起进入蛋清，将造成胚胎早期死亡。在卵泡发育过程中伴随卵黄物质一起被沉积到蛋黄中的 LPS，将在孵化后期释放出来造成胚胎后期死亡。卵黄中的 LPS 不仅会严重降低种蛋孵化性能，即使在鹅雏孵出之后，被吸收入腹腔中的卵黄仍被利用并继续有 LPS 释放出来，还会继续毒害初生鹅雏，严重降低采食量、生长性能和成活率。

⑤种蛋因素：影响种蛋孵化性能的种蛋因素，主要是蛋重、蛋形、蛋壳质量等，这些都取决于种鹅或其生殖道情况。过大的蛋孵化前期胚胎感温和后期散温不良，将降低孵化率。生殖道受细菌毒素感染，或饲料中含钙量不足时，将使蛋壳变薄、种蛋易碎，蛋内水分蒸发过快，破坏正常的物质代谢，降低孵化率。

（2）孵化有关因素的影响

①种蛋贮存条件：种蛋在孵化前需要的贮存时间将影响孵化性能。如狮头鹅的种蛋入孵前需要贮存 1～3 天，才能提高孵化性能。其他品种鹅的种蛋的贮存时间以 2～4 天为宜，不应超过 5 天，否则会导致孵化率和健雏率严重下降。

种蛋贮存的环境条件也显著影响其孵化率。贮蛋库温度必须控制在 20℃以下，以使胚胎不要过早发育或发育异常。若贮蛋库消毒不严造成细菌污染，如细菌通过蛋壳上的气孔侵入蛋内，将在孵化过程中导致胚胎死亡，严重时造成"臭蛋""炸蛋"。

②孵化条件：主要包括孵化时的温度、湿度控制和孵化技术等。由于机械问题、孵化机不良，孵化室与出雏室通风或环境控制不当，造成的孵化温度偏差会影响孵化率和健雏率。若机内气流不畅，形成热点与凉点也会导致产生畸形雏鹅，如小而湿的雏鹅、脐部未闭合、交叉喙、绒毛粗短、缺眼、凸脑雏等。当机内相对湿度过高时，就会出现一些雏体粘有蛋白，或者大而软，有的膝关节发

红。这是因为机内湿度高，蛋内水分未能很好地向外蒸发。在孵出的前2周，未能按时翻蛋或翻蛋次数、角度不够，使雏鹅与内壳膜粘连，造成残翅或其他畸形。

另外，孵化机和出雏机的细菌、霉菌污染，也都会严重降低孵化性能。特别是在一些出雏温度过高情况下，鹅雏脐部闭合不全，极容易使病菌通过脐部感染腹腔，使大量鹅苗在孵出后不久就很快死亡。

95 提高种蛋孵化率的措施有哪些？

种蛋孵化率取决于种蛋受精率和受精蛋孵化率。前者与种鹅养殖和繁殖工作有关，后者则与孵化工作和技术有关。对于种鹅生产场而言，在生产更多种蛋和提高种蛋受精率的基础上，还需要提高受精蛋孵化率，才能最终提高种鹅繁殖生产性能。综合以上因素，提高种蛋孵化率的措施主要包括以下几种。

（1）合理饲养，科学管理 环境控制，保证种鹅健康、营养供给、饲养密度，调整公母比例，水体管理等方面的工作，使鹅群保持良好的健康和旺盛的繁殖活力，这样才能在保证高产的同时保证种蛋高受精率。杂交时需要采用具有相同或类似繁殖季节的鹅种进行杂交，或者通过光照调控使父母代种鹅繁殖期同步，这样才能获得较高的种蛋受精率。

（2）选择合格种蛋，提供保存种蛋的适宜条件 种蛋品质对种蛋孵化率的影响起决定作用。种蛋应来源于健康、无污染的种鹅群。种蛋蛋重和蛋形指数随品种不同而略有差异，一般要选择蛋形指数好、蛋重合格的蛋作为种蛋，钢皮蛋、砂皮蛋、薄皮蛋、畸形蛋、脏皮蛋、破蛋、裂纹蛋、过大或过小蛋都不宜作种蛋。

收集好的种蛋要立即进行消毒，消毒方法是每立方米用14克的高锰酸钾混合28毫升福尔马林密闭熏蒸20分钟，然后入贮蛋库贮存。贮存温度控制在10～18℃，以13～15℃最好；湿度60%～70%；种蛋大头向上放置，时间不超过7天。若保存时间过长，种蛋的孵化率将明显降低。另外，在种蛋入孵后，要给空的贮蛋库适当通风处理。

（3）做好种蛋入孵前的管理工作 种蛋入孵前应在孵化室预热12~24小时，这样可使种蛋逐渐恢复到室温，蒸发掉种蛋表面的水分，有利于提高孵化率。种蛋入孵前在孵化机内进行第2次消毒，方法同入库前。消毒后打开孵化机门，开动风扇，驱除异味，然后开始升温孵化。要注意入孵24~96小时的种蛋不能消毒，此阶段胚蛋对消毒液异常敏感。

（4）加强孵化管理，科学孵化 种蛋的孵化管理是影响种蛋孵化率的直接因素，必须了解和掌握在孵化过程中鹅胚胎发育所需的必要条件和管理措施。

①温度：是孵化的首要条件，是影响孵化率最重要的因素。适宜的孵化温度为37.4~38℃，到孵化后期逐渐降低，不同鹅种的种蛋孵化温度有所差异。在孵化过程中，孵化温度也不是一成不变的，要根据胚胎发育的具体情况来确定孵化温度，避免温度过高或过低对胚胎发育的影响，导致胚胎死亡，影响孵化率。

②湿度：是保证胚胎正常发育的条件之一。若湿度过高，雏鹅出壳迟缓，绒毛粘着蛋液，腹部膨大，体质虚弱；若湿度过低，雏鹅出壳早，干瘦弱小，有时和蛋壳粘连。一般适宜的相对湿度为55%~65%，不同鹅种和不同孵化阶段有所不同。

③通风：良好的通风是孵化过程胚胎发育必需的。胚胎在发育过程中，不断吸入氧气，排出二氧化碳，通风是否良好直接影响胚胎发育效果。一般来说，种蛋孵化的第1~5天全部关闭进出风口，第5~17天打开1/2进出风口，第18天以后可打开全部进出风口。在保持温度、湿度的前提下尽可能增加通风。

④翻蛋：对胚胎发育也至关重要。种蛋在孵化过程中，翻蛋的目的是防止胚胎与蛋壳粘连，影响胚胎发育。不同鹅种的种蛋孵化，翻蛋次数和翻蛋角度均有所不同，一般大种鹅需要的翻蛋角度更大些。以往采用摊床孵化时，为了移动胚蛋至温度合适之处，会前后翻滚多圈使翻蛋角度极大，也会较好提高孵化性能。利用这一原理，目前一些孵化机将翻蛋角度从常规的90°加大至140°，以更

好地促进蛋内营养和代谢物质的传输，促进胚胎发育；同时可以防止胚胎与蛋壳粘连，使入孵蛋孵化率提高约3.5%，一些大种鹅蛋如狮头鹅、白沙杂鹅种的入孵蛋孵化率提高达5%。

⑤凉蛋：也是种蛋孵化过程中的重要步骤。由于孵化后期种蛋产生的大量热量需要及时散失，否则胚胎易被"烧死"在壳内，因此种蛋需要凉蛋。一般是孵化第15天后开始，每天凉蛋2次，直至出雏完毕。另外，在凉蛋过程中，要根据当时的天气条件，考虑在凉蛋时是否需要喷水。有时也可考虑关闭给温，风扇正常运转，至孵化机内温度降至30℃左右，开始恢复升温。凉蛋要根据胚胎发育情况具体掌握。

96 鹅苗质量低下的原因有哪些？

鹅雏质量差是肉鹅养殖户经常向种鹅场反映的一个问题，包括鹅雏活力下降、早期生长慢、死亡率高等。造成这些问题的原因很多，与种鹅有关的因素包括养殖环境条件、饲料质量、鹅蛋孵化管理技术、孵化室和出雏机环境条件、鹅雏运输过程中的处理措施等。

如果种鹅场养殖环境卫生条件较差，细菌、毒素、病毒等毒害种鹅，或者由种鹅直接传染种蛋造成垂直感染问题，同时毒素通过危害种鹅健康状况而降低其免疫机能，降低蛋黄中母源抗体滴度，从而降低雏鹅的免疫机能。这些起因已在水体细菌和毒素污染部分（问题77、78）中有所解答。另外，种鹅饲料中含有有毒的原料如含有黄曲霉毒素的发霉玉米等，也会影响种鹅和鹅雏的免疫机能。

孵化机和出雏盘长期未进行消毒处理，造成其中滋生多种细菌和霉菌等，特别是在出雏温度过高时（高于正常的37.3℃），往往造成雏鹅腹部愈合不及时或不完全，使细菌、霉菌感染鹅雏腹腔，导致早期死亡。此时，需要将出雏机温度稍稍调低至37.3℃，延缓鹅胚发育，并使其腹部具有较长的时间愈合，阻止或减少环境有害细菌的侵染机会。所有孵化场器具都需要定期熏蒸消毒，使用稻草的运雏筐则需要在强烈阳光下暴晒消毒。在鹅苗出雏之后，还需要接种抗小鹅瘟卵黄抗体，以提高其抗病力。

在鹅雏运输过程中，因为路况、车况、气候等原因，导致的鹅雏受凉、冻、热、闷、淋、挤压和颠簸等问题，特别是夏季鹅雏在长途贩运过程中造成的热应激和脱水问题，都会降低鹅苗质量。在鹅雏长途贩运中，需要特别注意使运输车辆保持良好的保温和通风条件，并尽量将鹅雏运输时间控制在 10 小时之内。

 目前市场上性能较好的全自动鹅种蛋孵化机有哪几种？

目前各地种鹅生产中所使用的孵化机有很多种，有些是土造孵化机，有些是半自动运行的，有些是全自动运行的，有些是在原来鸡蛋孵化机的基础上发展来的，有些则是从根据水禽或鹅种蛋孵化特点、提高孵化性能和降低劳动操作强度而研发。因此市场上存在很多种孵化机同时并存的局面，选用何种孵化机对鹅种蛋孵化性能及孵化厂的工作难易度和工作效率将会有很大影响。

目前市场上能够最大限度提高鹅种蛋孵化性能的孵化机，是一种大角度翻蛋的孵化机。该孵化机模拟母鹅自然孵化时种蛋水平躺卧的状态，以及母鹅会将鹅蛋多次多圈深度翻动的行为，通过蛋架和蛋盘设计，蛋架翻动角度达到 $75°$，蛋在蛋盘内的摆角提高至 $10°$，使总翻蛋角度提高到接近 $180°$。由于该种孵化机中承放蛋盘的蛋架做成八角式，因此也称之为"八角式"孵化机。

在孵过程中采用大角度翻蛋时，可以促进卵黄与蛋清的相对运动，促进胚胎对营养物质和氧气的吸收，以及将代谢废物更好地扩散循环，从而提高胚胎的发育质量和能力。在实际孵化中可以显著提高早期胚胎的发育能力，提高头照时的"受精率"或"湿份"。

对于蛋形较大的鹅种蛋，孵化过程中形成的胚胎体形和重量较大，翻蛋不足会造成蛋内相对运动不足，胚体的重力对某些部位造成挤压使胎位不正或胎膜与蛋壳膜粘连等，从而影响胚胎正常发育及降低孵化性能。加大翻蛋角度，则能减少胚胎畸形发育，减少胚胎胎位不正，减少胎膜与蛋壳膜的粘连，促进尿囊的发育和合拢，促进血液循环和胎儿发育，从而不仅显著提高鹅种蛋的孵化性能，还能够显著提高雏鹅的质量、采食量和早期生长速度。

大角度翻蛋孵化机应用后，能够将中型鹅种如扬州鹅种蛋的孵化率提高 3%～4%，而将扬州鹅种鹅生产的经济效益提高 10% 左右；对于大体型的狮头鹅，则可以将种蛋孵化率提高 6%～8%，将狮头鹅种鹅生产的经济效益提高 15% 左右。

98 目前的大角度翻蛋孵化机有哪些操作使用和功能优势？

以往各厂家生产的大角度翻蛋孵化机，因为其翻蛋角度大，翻蛋的动力传输机构复杂等因素，都将承放蛋盘的蛋架固定在孵化箱体内，而不能作为一个蛋车整体推进拉出孵化机箱体。这样就造成了蛋盘装卸较为困难，在上蛋、照蛋和落盘时，需要在每台孵化箱体门前手工操作将一盘盘种蛋依次放进和取出孵化机箱内，严重降低孵化工人的劳动效率，大大加重其劳动强度，因此一定程度影响其市场接受度。

为了降低孵化操作中的劳动强度并提高工作效率，我们国家水禽产业技术体系养殖设施设备与环境控制团队，与广东任氏机械科技有限公司联合研发了操作方便、自动控制的新一代大角度翻蛋孵化机。通过把蛋架固定于一个可移动的车体上制造成蛋车，实现了在孵化过程中将蛋车整体移动出入孵化机的功能，大大提高了孵化操作的灵活性。例如，在鹅舍收集的种蛋可以安装于蛋车上直接于蛋库贮存，然后于开孵时将蛋车直接推入孵化机，减少转运蛋车操作环节，提高劳动效率并降低孵化人员劳动强度。同时，在孵化过程中还可通过调整蛋车间或与风扇的相对位置，可以进一步提高种蛋受热均匀性，使内外蛋车上的种蛋发育更加整齐统一，有利于缩短整箱种蛋的出雏时间，提高孵化率和健雏率。

此外，此种新颖大角度翻蛋孵化机采用计算机系统自动控制，可以通过中文触摸屏直观操作，不仅实现了孵化所需的温、湿度功能控制和定时翻蛋功能，而且还可以实现自动喷水和自动凉蛋功能。

最后，新颖孵化机还具备实时监控机器运行状态、故障报警和记录等功能，能够记录孵化期内温、湿度实时数据，并根据温、湿度曲线变化分析种蛋发育状态，从而为加强孵化厂管理、排除孵化厂突发事件、评比和提高孵化员工工作质量业绩等，提供加强生产管理所需要的一线生产细节数据等。

99 鹅场有哪些废弃物需要处理？处理原则是什么？

种鹅场在生产过程中会产生各种废弃物。除了大量的鹅粪便外，种鹅场废弃物还包括羽毛、冲洗废水、孵化废弃物、病死鹅、兽医药具、饲料和药品疫苗包装材料、废旧用品和机具等，还有一类则是鹅场工作人员的生活废弃物。

养鹅场废弃物处理主要遵循的原则为：①实行"减量化、无害化、资源化、生态化"的处理原则；②处理和利用相结合；③环保工程建设应高产出、低成本运行；④有机废弃物处理液态成分达标排放；⑤实现种植—养殖—加工—利用相结合，大力发展循环经济；⑥建立业主开发与政府资助相结合的投资机制。

100 鹅粪便废弃物如何处理利用？

粪便是鹅场中量最大和最重要的废弃物，不加以处理任意排放将恶化鹅场内外环境，直接危害场内种鹅健康和生产性能，也会造成公共环境污染及公众舆论影响，影响鹅场形象和持续经营可能性。同时，鹅粪便也是传统的农家肥料，含有大量的农作物必需的多种元素，施用后可有效改良土壤，提高土壤肥力，增加土壤蓄水能力，促进农作物的生长。但是如果没有采取一定的措施，直接将粪便施入土壤内，有可能造成土壤板结，影响土壤质量，危害作物生长，甚至导致作物死亡。因此，需要对鹅粪便进行适当处理，提高其使用价值。

（1）肥料化处理　鹅粪便中含有丰富的氮、磷、钾及微量元素等植物生长所需要的营养物质，以及纤维素、半纤维素、木质素等，是植物生长的优质有机肥料。肥料化处理的主要方法有如下三种。

①堆肥处理：将鹅粪便与其他有机物如秸秆、杂草、垃圾等，以及孵化室废弃物如未出壳的死亡鹅胚蛋、蛋壳等，混合、堆垛，控制相对湿度在 70% 左右，形成底宽 1.5 米、高 1 米、长度不等的垛堆进行堆肥处理。堆肥一般需要维持 3 周左右或以上时间，期间需要对垛堆进行翻动 2 次，以使空气进入垛堆内部，促进微生物发酵，使有机物分解转化为植物能吸收的无机物和腐殖质。发酵所产生的热量将使垛堆温度达到 60～80℃，可以有效杀死畜禽粪便中的病原体和寄生虫卵，达到无害化处理的目的。堆肥处理之后的鹅粪肥，则可被作为优质肥料施用于牧草或其他农作物田地。

②干燥处理：利用燃料加热、太阳暴晒或风力吹干等，对粪便进行脱水处理，使粪便快速干燥，以保持粪便养分，除去粪便臭味，使病原微生物和寄生虫脱水死亡。有些安装高架漏缝地板并且通风良好的鹅舍，粪便长期积聚于地板之下，则可自行干燥处理，并且可以很方便地装袋销售。

③药物处理：在急需用肥的时节，或在传染病或寄生虫病严重流行的地区，为了快速杀灭粪便中的病原微生物和寄生虫卵，可采用化学药物消毒、灭虫、灭卵。药物处理中常用的药物有尿素，添加量为粪便的 1%；敌百虫添加量为 10 毫克/千克；碳酸氢铵添加量为 0.4%；硝酸铵添加量为 1%。

（2）能源化利用　通过厌氧菌发酵，将鹅粪便中的有机物分解转化为沼气，可以作为鹅场能源使用。沼气生产能够杀死粪便中的传染性病原，有利于降低传染性疾病发生和提高生物安全性。沼气生产中的沼渣、沼液可以作为优质肥料应用于农田或种植牧草。目前一些覆膜沼气处理设施的建造和运行成本相当低廉，一些沼气技术也可以在冬季低温条件下运行，从而实现养殖场废弃物的全天候和全年度发酵处理。

（3）饲料利用　南方开展的"鹅—鱼"综合治理生产模式，即将鹅粪便作为鱼类饲料的使用模式。水体中放养的鱼类应以滤食性鱼类（如鲢、鳙、罗非鱼）和杂食性鱼类（草鱼、鳊）为主。但要注意将养鹅密度控制在每平方米水面载鹅不超过 1 只，以避免水体富营养化及细菌和有害毒素的污染，避免对所养鱼类特别是种鹅健康和生产性能造成不良影响（见第 6 章问题 76）。

101　病死鹅的无害化处理有哪些方法？

鹅在饲养过程中，因疾病、管理及气候等方面的原因会不断发生死亡。病死鹅的处理方法主要有四种。

（1）深坑掩埋　病死鹅不能直接埋入土壤，因为这样容易造成土壤和地下水污染。作深埋时，应建造用水泥板或砖块砌成的专用深坑。美国典型的禽用深坑长 2.5～3.6 米，宽 1.2～1.8 米，深 1.2～1.48 米。深坑建好后，要用土在其上方堆出一个 0.6～1 米高的小坡，使雨水向四周流走，并防止重压。地表最好种上草。深坑盖采用加压水泥板，板上留出 2 个圆孔，套上 PVC 管，使坑内部与外界相连。平时管口用牢固、不透水、可揭开的顶帽盖住。使用时通过管道向坑内扔死禽。此方法在避免环境污染方面效果较好。

（2）焚烧处理　即以煤或油为燃料，在高温焚烧炉内将病死鹅烧成灰烬。对于病死鹅特别是患有重大传染病的鹅，焚烧处理是一种常用的方法。此方法可以避免污染地下水及土壤，但常会产生较多的臭气，而且消耗燃料较多，处理成本较高。

（3）饲料化处理　死鹅本身蛋白质含量高，营养成分丰富。如果在彻底杀灭病原体的前提下，对死畜禽作饲料化处理，则可获得优质的蛋白质饲料。如利用蒸煮干燥机对死畜禽进行处理，通过高温高压先作灭菌处理，然后干燥、粉碎，可获得粗蛋白达 60％的肉骨粉。

（4）肥料化处理　堆肥的基本原理与粪便的处理相同。堆肥发酵处理可以消灭病菌和寄生虫，而且对地下水和周围环境没有污染。处理后转化形成的腐殖质是一种公认的优质有机肥。具体方法见问题 20 中的死鹅处理设施部分。另外，有些企业也在探讨病死禽的高温消化技术：①利用特制的高温消化容器设备，向容器中添加 1/3 的含碳物质；②添加耐高温（150℃）分解菌种，搅拌 10 分钟左右即可处理病死畜禽，对大的病死畜禽尸体需进行搅碎；③内发热管调为 90～115℃，处理时间为 24 小时；④腐熟后传输至有机肥生产车间作为有机肥添加物。

102 废水的无害化处理有哪些方法？

鹅场废水主要来自戏水池废水，以及饮水器、水槽的溢水。废水中含有大量羽毛、粪便残渣和有害菌，对这些有机质不加以处理将造成腐败发臭，并造成生物安全性风险，因此需要及时处理废水。较简单的处理方法有沉淀处理和微生物氧化塘处理。

（1）沉淀处理 利用地下管网收集鹅舍废水，并通过建造沉井、滤网等，截留下大部分羽毛和粪便残渣。羽毛可以收集晒干销售，沉井中粪渣收集后则用于以上堆肥处理。其余废水需要进一步沉淀处理，等进行过一定发酵处理后，可将初步处理的废水直接输送入莲藕和茭白等水生作物的水田应用，将沉淀污泥收集用于堆肥处理。

（2）微生物处理 经过初步沉淀处理的废水，可以进一步对其进行曝气充氧，以分解其内的有机质。经过三级氧化塘处理后的废水，则已经消耗去除了大量的有机物质。再将此处理水经过种植水生植物的人工湿地处理，则可以进一步降低其内有机质，使之能够应用于农田灌溉。

第十章　鹅的疾病防治

103 鹅有可能发生哪些疾病？

疾病是畜禽养殖中必然遇到的问题，特别是在目前规模化养殖发展过程中，往往会由于养殖数量和密度过高，加上工作管理上的盲点，导致各种异常问题发生。鹅的疾病主要包括病毒性、细菌性、霉菌性、寄生虫性、中毒性和营养性等六大类。

（1）病毒性疾病　主要有禽流感、小鹅瘟、鹅副黏病毒病、鹅的鸭瘟、雏鹅新型病毒性肠炎、鹅坏死性肠炎和鹅传染性法氏囊病等。

（2）细菌性疾病　主要有鹅大肠杆菌病、鹅沙门氏菌病、鹅败血性支原体病、鹅巴氏杆菌病、小鹅流行性感冒、鹅链球菌病、鹅葡萄球菌病、结核病、李氏杆菌病、鹅绿脓杆菌病、鹅传染性鼻窦炎和鹅口疮等。

（3）寄生虫性疾病　主要有鹅裂口线虫病、前殖吸虫病、鹅嗜眼吸虫病、棘口吸虫病、鹅比翼线虫病、球虫病和鹅绦虫病等。

（4）营养性疾病　一般在缺乏某种营养素时表现为缺乏症，如维生素 D 缺乏症、维生素 A 缺乏症、维生素 B_1 缺乏症、钙磷缺乏症、锰缺乏症和鹅痛风病等。

（5）中毒性疾病　主要有黄曲霉毒素中毒、喹乙醇中毒、有机磷农药中毒和雏鹅水中毒等。

（6）鹅曲霉菌病　主要由发霉垫料中的霉菌孢子诱发，造成呼吸系统感染，在短时间内导致雏鹅严重死亡。

由于现代化生产上常采用全价配合饲料，除产蛋高峰期发生维生素 D 和钙磷缺乏之外，发生营养性缺乏症的概率不大。在硬件建设齐全、卫生措施达标和管理规范的鹅场，发生中毒性疾病和寄生虫疾病的概率也不大。本章介绍鹅的几种主要病毒性和细菌性疾病的防控工作。

104 应该遵循何种理念才能有效防治鹅病？

与任何畜禽疾病防控理念和措施相同，养鹅生产的疾病防治工作主要有做好养殖场生物安全工作、进行科学合理的免疫接种工作两部分，降低鹅场病原感染风险，避免有毒有害物质对鹅的危害，改善鹅生活舒适程度，提高鹅生活质量和基本的抗病力，改善体质。在此基础上，按科学的程序对恶性高致病性疾病进行免疫接种，使鹅建立对这些疾病的特别免疫能力，从而使鹅在生产过程中保持健康，降低发病死亡率，表现出良好的生产性能，减少种鹅生产中的经济损失，提高赢利能力。

任何养鹅场必须树立"防病重于治病"的理念。这需要在开始种鹅生产工作之前，就进行种鹅场及其生物安全性工作的规划和硬件建设（参见第三章鹅场建设部分）。忽视前期硬件投入和生物安全性工作建设，而单纯依靠后期的接种疫苗及药物治疗，往往会造成多种病原同时存在以及多种疾病的多发、复发。不仅需要持续的大量的成本支出，而且也会因工作量巨大、无法顺利安排生产销售等而打乱鹅场工作顺序，给鹅场工作人员带来巨大压力；也因为频繁的喂药打针给鹅造成严重应激，降低生产性能，造成严重经济损失。对此，行业中有了"请兽医进养殖场即意味着开始亏损"的说法。因此，有远见的经营者从开始建设养鹅场时起，就会认真规划并投入较多资金，通过硬件建设来保证高标准、高质量的生物安全性。虽然前期一次性投入较大，但可以避免后续多年生产中造成的大量问题、巨大的工作量和经济损失，总体上是非常合算的。

105 种鹅用药应该注意哪些事项？

同其他家禽一样，种鹅的用药要根据不同群体的饲养特点、养殖环境及遇到的问题，在充分考虑用量、疗程、给药途径、不良反应、经济效益等情况的前提下，本着高效、方便、经济的原则，进行科学、合理的用药。以下为用药注意事项。

（1）防止使用伪劣、变质、过期药物　兽药经过一段时间的保存，尤其是当保存不善时，会发生潮解、氧化、碳酸化、光化，导致药物变质。药物一旦变质，不但不能治病，反而会因含有种种毒性物质，致使动物发生不良反应甚至中毒。另一方面，有些生产厂家药物的有效浓度低，不仅治疗效果差，而且容易使细菌产生耐药性，延误疾病治疗的最佳时机。因此，应防止使用伪劣、变质、过期药物。

（2）防止使用剂量与疗程不当　任何药品只有在合适的剂量范围内，才能有效地防治疾病。剂量过小，起不到治疗作用；剂量过大会造成浪费，甚至会引起中毒等。用药疗程不足会造成产生耐药菌株或疾病复发；疗程过长则浪费药物，增加成本，还会引起药物残留，对人体健康不利。一般家禽用药 3～5 天为一个疗程，2～3次/天即可。

（3）防止不了解药物成分而重复用药　有的药品化学名称和商品名称不一致，生产厂家未标明，或同一种药不同生产厂家的商品名不同，如恩诺沙星，有的商品名是普杀平，有的商品名叫百病消。有些饲料厂家为了预防疾病，在饲料中添加了某些药物，如喹乙醇、土霉素等，用户不了解，在防治疾病时重复使用了同药不同商品名的兽药，或者使用了饲料中已添加的药物，造成剂量过大而发生中毒。

（4）防止不明药性乱配伍　临床联合应用两种或两种以上药物的目的在于取得更好的疗效，减少单一药物的用量及不良反应。联合用药前须了解配伍禁忌，不合理的联合用药会带来不良后果。用磺胺注射液稀释青霉素会使青霉素失效；青霉素会使庆大霉素失效；四环素、卡那霉素、先锋霉素、万古霉素、氨苄青霉素等均不宜合用；碳酸氢钠会使庆大霉素毒性增大；卡那霉素与庆大霉素联用会增加毒性。

（5）防止选错药 使用何种药物要根据鹅患病的诊断结果进行选择，而不要单纯相信新药、贵药、进口药，没有哪种药物是万能的。有些药物治疗革兰氏阳性菌感染的疾病效果较好，如青霉素；有的药物治疗革兰氏阴性菌感染的疾病效果较好，如卡那霉素等；有些药物对革兰氏阳性菌和阴性菌感染的疾病都有效，如环丙沙星；由真菌引起的疾病必须用抗真菌抗生素，其他类药物效果差。

（6）防止药物调剂不当 鹅群给药常用的方法有口服给药（拌料、饮水或滴口）和肌内注射等，大群鹅一般采用拌料给药或饮水给药。拌料给药是将药物均匀地混入饲料中让鹅食入的方式，适于不溶于水、适口性差的药物，但药物必须与饲料充分混合均匀。特别是添加小剂量、安全范围小的药品时，如呋喃唑酮、喹乙醇等，用量小、毒性大，在拌入饲料时必须采取"等量逐级稀释法"，以使饲料与药物充分混合均匀。若直接将小剂量的药物投入饲料中，由于难以混合均匀，往往会导致鹅中毒。

饮水给药是将药物混入水中让鹅自由饮用的方式，此法是群养给药的主要方式，特别是对那些因病不食但尚能饮水的情况更有意义。饮水给药要注意药物的溶解度、稀释药物的水质、给药时间和季节等。饮水给药还需要注意药物在水中的时间与药效的关系，有些药物在水中不易被破坏，如磺胺类药物、氟喹诺酮类药物，其药液可让鹅全天自由饮用；有些药物在水中一定时间易被破坏，如强力霉素、氨苄青霉素等，应在短时间内饮完，从而保证药效。所以稀释药物时不能千篇一律，否则达不到治疗效果。

（7）产蛋期慎用药物 在种鹅产蛋期，用药要选择不影响产蛋和种蛋质量的药品，不严格用药制度很容易造成鹅群产蛋率、受精率和孵化率下降，直接影响种鹅生产性能。如磺胺类药物能降低血钙水平，使产蛋率下降、种蛋质量下降；莫能菌素易在蛋中残留，剂量过大也会降低产蛋率；呋喃类药物用后使产蛋量显著下降；金霉素被吸收后与血钙结合，形成难溶的钙盐，从而阻碍蛋壳的形成；新斯的明能通过影响子宫机能，造成蛋壳变薄，产软壳蛋；肾上腺素能够使正常鹅的产蛋推迟；喹乙醇对鹅非常敏感，使用时要非常谨慎，产蛋种鹅禁用。

106 目前兽用疫苗主要有哪些种类及特点？

兽用疫苗目前有 10 种左右，包括灭活死疫苗、减毒活疫苗、亚单位疫苗、基因工程亚单位疫苗、合成肽疫苗、基因工程活载体疫苗、基因工程缺失减毒苗、抗独特型抗体疫苗、基因疫苗和转基因植物疫苗等。前 3 种为以传统技术生产的疫苗，其成本低、免疫原性好，是长期以来预防动物传染病的主要制品；后 7 种为以现代生物学技术生产的新型疫苗，其具有传统疫苗无法比拟的优点，但大部分还处于试验研究阶段；其中弱毒苗和灭活苗是当前养禽业中最常用的两大类疫苗。

（1）灭活疫苗　灭活疫苗是通过选用免疫原性强的细菌、病毒等进行人工培养后，用物理或化学方法将其灭活，使其失去活性，使传染因子被破坏而保留免疫原性所制成的疫苗。①优点：安全，不存在散毒和造成新疫源的危险；不可能返祖返强；便于贮存和运输；对母源抗体的干扰作用不敏感；容易制成联苗和多价苗。②缺点：不产生局部免疫，导致细胞免疫作用弱；引起细胞介导免疫的能力较弱；用量大，成本高；免疫途径受限制，一般必须注射；需要免疫佐剂来增强灭活苗的免疫效应。

（2）活疫苗　活疫苗是病原微生物毒力逐渐减弱或丧失，并保持良好的免疫原性，用这种活的、变异的病原微生物制成的疫苗。常用的活疫苗分为中毒力及中毒力偏上活疫苗和弱毒疫苗。中毒力及中毒力偏上活疫苗的毒力较强，其免疫原性也强。强毒疫苗是在饲养条件较好的情况下，利用强毒株病毒使全群动物感染，待康复后，即可产生良好的免疫力，但这种疫苗只是在万不得已的情况下使用。通常说的强毒疫苗包括禽脑脊髓炎（1143 株）、传染性喉气管炎、传染性法氏囊病 3 号和鸡新城疫Ⅰ系疫苗等。弱毒疫苗的毒力很低，但仍保持原来的免疫原性，并能在家禽体内一时性繁殖。弱毒疫苗有的是从自然界直接筛选的，有的是人工致弱的，也有个别是异源疫苗，如鸡马立克氏病的 HVT-127 株疫苗。目前应用的活疫苗主要是弱毒疫苗。①优点：不需浓缩纯化，用量小，成本低廉；免疫力较强，免疫期较长；可刺激机体产生细胞免疫、体液免疫和黏膜免疫；可用多种方法免疫，使用较方便。②缺点：存在散毒和造成新疫源问题，因为弱毒苗是活苗，在机体内可以短暂增殖并排出体外；残余毒力问题，对雏禽可引起不良反应；某些弱毒活苗可引起免疫抑制，对其他抗原物质的应答能力减弱；弱毒疫苗毒力不稳定时，存在返祖的潜在危险。

107 接种疫苗时要注意哪些事项？

（1）疫苗的选用与保存　应选择正规厂家生产的、具有良好市场信誉的疫苗，而不是一味购买便宜疫苗。不同的疫苗保存温度不同，灭活疫苗不能冻结，否则将降低或失去免疫效果，一般保存温度为2～8℃，弱毒苗应保存在0℃以下。另外，特别提醒饲养户，目前的一些有除霜功能的冰箱不宜保存弱毒疫苗，因为冰箱除霜的过程就是通过加温将霜或冰融化，再由风将其吹走，冰箱定期除霜就会经常对疫苗冻融，从而使疫苗中的病毒死亡。另外，具有杀菌消毒能力的冰箱更不能用于保存弱毒疫苗。在使用前要检查疫苗的保存方法、有无破损、有效期等，并注意制品的色泽、气味或物理状态有无异常。没有瓶签或瓶签不清、过期失效、瓶塞不紧、疫苗瓶有裂纹、疫苗发生变化（如色泽发黑、制剂发霉），以及疫苗瓶失真空等的疫苗不得使用。

（2）鹅群状况　接种疫苗前，须检查鹅群状况，如健康状态、日龄大小、饲养条件、寄生虫感染等。如果使用疫苗前有疫情发生，则应结合有关的应急预防措施进行。

（3）疫苗接种方法的选择　根据鹅的日龄、接种疫苗的种类等选择最佳接种方法，严格仔细地进行操作，免疫前要详细阅读疫苗使用说明书，选用规定的稀释液。

（4）避免药物影响　饮水、气雾、拌料接种疫苗的前2天和后5天不得饮用消毒药（如高锰酸钾或抗毒威等），也不得进行带鹅喷雾消毒，使用弱毒菌苗的前后各1周内不得使用抗生素。

（5）器械消毒　免疫接种的注射器、针头和镊子等用具，应严格消毒。针头要经常更换，可以将换下的针头浸入酒精、新洁尔灭或其他消毒液中，浸泡20分钟后，用灭菌蒸馏水冲洗后重新使用。接种过程中应注意消毒，接种后的用具、空疫苗瓶也应进行消毒处理。

（6）做好接种记录　记录好接种疫苗的种类、批号、生产日期、厂家、剂量、稀释液、接种方法和途径，以及家禽数量、接种时间、参加人员、接种反应等，并对接种的检测效果进行记录。

108 种鹅生产中有哪些常用疫苗？

（1）禽流感疫苗

①必须选择国家农业农村部批准的定点企业生产的合法疫苗，不仅企业应是合法的企业，其产品也必须是合法产品。②明确要预防的禽流感亚型。我国流行的主要是H5、H7和H9亚型禽流感，其中H5、H7亚型禽流感致死率高、危害大，是预防重点；H9亚型禽流感也需要预防，以避免影响产蛋性能。目前针对鹅禽流感的疫苗主要有重组禽流感病毒（H5＋H7）二价灭活疫苗（H5N1 Re-11株＋H7N9 H7-Re2株和H5N7 rFJ56株＋H7N9 rGD76株）和三价灭活疫苗（H5N1 Re-11＋Re-12株，H7N9 H7-Re2株和H5N2 rSD57株＋rFJ56株，H7N9 rGD76株）；禽流感（H9亚型）灭活疫苗（NJ01株）。采用胸部肌内或颈部皮下注射途径免疫。

（2）鹅副黏病毒疫苗　基于新城疫LaSota株灭活制成，常常与H9禽流感灭活疫苗做成二联苗使用，通过胸部肌内或颈部皮下注射途径免疫。

（3）小鹅瘟弱毒疫苗　有使用小鹅瘟鸡胚化弱毒、小鹅瘟鹅胚弱毒制成的疫苗两种。前者用于预防中雏鹅小鹅瘟，后者用于开产前种鹅使用。用于中雏鹅的小鹅瘟（鸡胚化弱毒）疫苗，使用时按瓶签注明的剂量，加生理盐水或灭菌纯水按1:200稀释，20日龄以上鹅肌内注射1毫升。注射疫苗5～7天即可产生免疫力，免疫期为 6～9 个月。

用于母鹅的（小鹅瘟鹅胚弱毒）疫苗，于产蛋前半个月注射，每只成年种鹅肌内注射 1 毫升，可使抗体水平在 1～7 抗体滴度的雏鹅获得免疫力。

注意事项：雏鹅禁用。

（4）雏鹅新型病毒性肠炎-小鹅瘟二联弱毒疫苗 专供产蛋前母鹅免疫用，免疫后可使其后代获得预防雏鹅新型病毒性肠炎和小鹅瘟的被动免疫力。雏鹅一般不使用此疫苗。根据瓶装剂量，按每只鹅 1 毫升稀释疫苗，一般疫苗每瓶 5 毫升，稀释成 500 毫升，每只肌内注射 1 毫升，稀释后的疫苗放在阴暗处，限 6 小时内用完。在母鹅产蛋前 15～30 天内注射该疫苗，其后 210 天内所产的蛋孵出的雏鹅 95％以上能获得抵抗小鹅瘟的能力。每只母鹅每年注射 2 次。

注意事项：雏鹅和不健康的种鹅群不能注射该疫苗。

（5）禽霍乱疫苗

①禽霍乱弱毒疫苗：该菌苗用于预防 3 月龄以上鹅的禽霍乱。每只肌内注射 0.5 毫升。免疫期为 3～5 个月。

注意事项：病、弱鹅不宜注射，稀释后必须在 8 小时内用完。在此期间不能使用抗菌药物。

②禽霍乱油乳剂灭活菌苗：用于 2 月龄以上的鹅，肌内注射 0.5～1 毫升。免疫期为 6 个月。

③禽霍乱氢氧化铝菌苗：用于 2 月龄以上的鹅预防禽霍乱之用。一般无不良反应，对产蛋鹅可能短期内影响产蛋，10 天左右可恢复正常。使用时将菌苗充分摇匀后，2 月龄以上的鹅每只肌内注射 2 毫升，注射部位可选择胸部、翅根部或大腿部肌肉丰满处。第 1 次注射后 8～10 天进行第 2 次注射，可增加免疫力。注射该菌苗后 14 天左右产生免疫力，保护期为 3 个月。

注意事项：该菌苗在使用时一定要充分摇匀，每次吸取菌苗时都要振荡菌苗。菌苗在保存和运输时，切忌日光直射并防止冻结，已冻结的菌苗不能使用。菌苗稀释后限 8 小时内用完。

④禽霍乱荚膜亚单位菌苗：该菌苗是从禽多杀性巴氏杆菌细胞壁提取的具有免疫效力的荚膜物质制成的，是国内的一种新型无细胞菌苗。该苗分冻干苗和液体苗两种，冻干苗为乳白色粉状或海绵状固体，加入20％的氢氧化铝胶后变成均匀的混悬液。液体菌苗为淡橙黄色，微黏性，加入铝胶盐水后出现絮片状沉淀。该菌苗适用于20日龄以上的鹅。肌内或皮下注射。按瓶签注明的羽份用20％的氢氧化铝胶液将菌苗按每羽份0.5毫升稀释后注射。该亚单位疫苗无毒，安全可靠，无局部和全身反应，不影响产蛋，注射后免疫保护期约为5个月。在疫情暴发时可用该菌苗作紧急预防，对病鹅进行抗生素治疗的同时，也可接种该菌苗，以预防再感染。

（6）鹅巴氏杆菌蜂胶复合佐剂灭活苗　免疫期较长，不影响产蛋，无毒副作用。使用前和使用中将菌苗充分摇匀。1月龄左右的鹅每只肌内注射1毫升。在鹅巴氏杆菌病暴发时期与抗生素等药物同时应用，可控制疫情。注射后5～7天产生免疫力，免疫期为6个月。

109 鹅常见的病毒性疾病有哪些？怎样防治？

（1）禽流感

【流行病学特点】禽流感病毒是A型流感病毒，属于正黏病毒科正黏病毒属。A型流感病毒根据血凝素（HA）和神经氨酸酶（NA）的不同又分为许多亚型，目前已有18个HA亚型和10个NA亚型；根据致病性高低又可分为高致病性禽流感（HPAI）和低致病性禽流感（LPAI）。我国已从鹅分离到禽流感病毒有H5、H7和H9亚型。

鹅禽流感一年四季都有可能发生，以冬春季最常见。天气变化大、相对湿度高时发病率较高。各龄期的鹅都会感染，尤以1个月龄的雏鹅最易感。

【临床症状】本病在鹅上表现为三种类型，即急性型、呼吸道型及隐性感染。急性型的禽流感，暴发较突然，死亡较快。发病时鹅群中先有几只出现症状，2天后波及全群。发病雏鹅废食，离群，羽毛松乱，呼吸困难，眼眶湿润；下痢，排绿色粪便，出现跛行、扭颈等神经症状；干脚脱水，头冠部、颈部明显肿胀，眼睑、结膜充血出血，又称为"红眼病"，舌头出血。育成期鹅和种鹅也会感染，病鹅生长停滞，精神不振，嗜睡，肿头，眼眶湿润，眼睑充血或高度水肿，向外突出呈"金鱼眼"样，病程长的仅表现出单侧或双侧眼睑结膜混浊，不能康复；发病的种鹅产蛋率、受精率均急剧下降，畸形蛋增多。

【病理变化】体内许多器官都可见充血和斑点状出血，其中以腺胃、肌胃角质膜下、十二指肠、心外膜、心冠状脂肪等处水肿、出血明显；脾脏肿大，有白色坏死点；肝脏、肾脏、心脏有时出现坏死点；头、颈、胸部皮下组织水肿等。

【诊断】根据病史、临床症状及病变，结合病毒分离或血清学试验结果可以确诊，HA-HI试验及琼脂扩散试验是临床上常用的诊断方法，但最好能于急性期及发病后2～4周分别采集血清2次，测定其抗体滴度变化规律。

【防控】本病目前尚无特效的治疗及预防方法，它的防控在于采用综合的预防隔离措施，防止病原传入。栏舍、场地、水塘、运动场、用具、孵化设备要定期消毒，保持清洁卫生。水上运动场以流动水最好。对水塘、场地可用百毒杀、新洁尔灭、来苏儿喷雾消毒或用生石灰消毒，平时7天1次，有疫情时每天1次；用具、孵化设备可用福尔马林熏蒸消毒或百毒杀喷雾消毒；产蛋房的垫料要勤换、勤消毒。种鹅群和肉鹅群分开饲养。场地、水上运动场、用具都应相对独立使用。一旦受到疫情威胁和发现可疑病例，立刻采取有效措施防止扩散，包括及时准确诊断、隔离、封锁、销毁、消毒、紧急接种、预防投药等。

（2）小鹅瘟

【流行病学特点】本病一年四季均可发生，自然流行时常发生于3周龄以内的雏鹅，发病日龄越小，死亡率越高。随着日龄的增长，易感性降低。10日龄以内的雏鹅，发病率与死亡率可达90％～100％，15～20日龄的在60％以内，35日龄以上则较少发病。大鹅感染后不表现临床症状。

本病主要通过易感鹅采食被污染的饲料、饮水、牧草经消化道而感染。也可通过带毒鹅卵在孵化过程中污染环境，造成孵化出的雏鹅感染发病。

【临床症状】本病自然感染的潜伏期为3～5天，以消化系统和中枢神经系统紊乱为主，病程取决于雏鹅日龄及易感性。根据病程，可分为最急性、急性和亚急性三型。

①最急性型：3～5日龄发病者常为最急性，往往无前驱症状，雏鹅突然出现衰竭、倒地、两后肢乱划，几小时后死亡。

②急性型：此型多发于1～2周龄的雏鹅或最急性发病后期。病初表现采食异常，随采随甩，随后出现减食、停食，但饮水增加。精神委顿、离群、嗜睡。排出灰白或淡黄绿色稀粪，并混有气泡和纤维碎片。鼻孔流出浆液性带有气泡的分泌物，喙端和蹼发绀。病程1～2天，死前两腿麻痹或抽搐。

③亚急性型：出现在15日龄以上或流行后期的雏鹅，病程稍长。病鹅主要表现为运动迟缓，食欲不振，精神萎靡，腹泻，部分幸存鹅成长停滞。

【病理变化】本病的特征性病理变化为小肠发生急性、浆液性、纤维素性、坏死性肠炎。

①最急性型：病理变化不明显，除肠道有急性卡他性炎症外，其他器官一般无明显变化。

②急性型：最典型的病变为小肠中、下段黏膜发炎，形成管状假膜。肠黏膜成片坏死脱落，成带状，与纤维素性肠渗出物发生凝固，形成栓子；或形成假膜包裹在肠内容物表面，堵塞肠腔。剖检时可见小肠与回盲部肠段外观异常膨大，质地坚硬。切开肠壁，可见淡灰色或淡黄色栓子堵塞肠管。病变较轻者，肠管中有带状凝固物，或在肠黏膜上附有散在的纤维素性凝片。

③亚急性型：除上述病变更为明显外，病鹅心肌松弛，心房扩张，有心力衰竭变化。肝脏肿大、瘀血，质脆。脾脏肿胀，呈暗红色，偶尔可见针尖大小灰白色结节。

【诊断】根据本病特征的流行病学和病理变化，结合雏鹅很少发生其他传染病和出雏不久就出现大量发病、死亡的情况，即可作出初步诊断。确诊可通过特异性抗体检查，如病毒中和试验、琼脂扩散试验和 ELISA 试验等。应用反向间接血凝也可诊断该病。

【治疗】各种抗菌药物对本病无治疗作用。在发病早期注射抗小鹅瘟特异性高免血清 0.3～0.5 毫升/只，有明显的治疗效果，但对于症状严重的病鹅疗效较差。可添加适量抗生素以减少继发感染和真菌感染。另外，在治疗过程中还应适当添加葡萄糖和维生素，以增强雏鹅的抵抗力。

【防控】防止疫病传入，尤其是防止孵化过程的污染。应严格检疫措施、清洁卫生和消毒措施。

在本病严重流行的地区，使用小鹅瘟弱毒疫苗或灭活疫苗免疫种鹅是预防本病经济有效的方法。如种鹅未作免疫而雏鹅又受到威胁时，也可使用小鹅瘟弱毒疫苗免疫刚孵出的雏鹅或用小鹅瘟高免血清进行被动免疫。

（3）鹅副黏病毒病

【流行病学特点】本病一年四季均可发生流行，不同品种大小的鹅均可感染发病。该病的发病死亡率为 30%～100%，日龄越小死亡率越高，平均为 40% 左右。本病主要通过消化道和呼吸道感染。病鹅的唾液、鼻涕及粪便污染的饲料、垫料、用具、孵化器等均是重要的传染来源。流行地区的鲜蛋和鹅毛也是传播疫病的媒介。另外，野禽和一些哺乳动物也能携带该病毒，传播疾病。

【临床症状】因日龄差异，潜伏期一般 3～5 天，日龄小的鹅 2～3 天，日龄大的鹅 3～6 天。病程一般 2～5 天，日龄小的鹅 1～2 天，日龄大的鹅 2～4 天。发病初期排灰白色稀粪，病情加重后粪便呈水样，呈暗红、黄色、绿色或墨绿色。患鹅精神委顿、无力，常蹲地，有的单脚不时提起，少食或拒食，体重迅速减轻，但饮水量增加。行动无力，浮在水面。部分病鹅后期出现扭颈、转圈、仰头等神经症状，饮水时更加明显。10 日龄左右的病鹅有甩头、咳嗽等呼吸症状，耐过的病鹅，一般 6～7 天后开始好转，9～

10 天康复。

【病理变化】病死鹅脾脏肿大、瘀血，有芝麻大至绿豆大的黄白色坏死灶；胰腺肿大，有灰白色坏死灶。十二指肠、空肠、回肠、结肠黏膜有散在性或弥漫性、大小不一、淡黄色或灰白色的纤维素性结痂；结肠黏膜上的结痂，剥离后有出血面或溃疡面；盲肠扁桃体肿大，明显出血；盲肠黏膜出血和纤维素性结痂；直肠黏膜和泄殖腔黏膜有弥漫性、大小不一、淡黄色或灰白色的纤维素性结痂；患鹅皮肤瘀血；肝脏肿大、瘀血、质地较硬，有数量不等、大小不一的坏死灶；脑充血、瘀血；心肌变性；食道黏膜，特别是食道下部黏膜有散在性、芝麻大小、灰白色或淡黄色结痂，易剥离，剥离后可见紫色斑点或溃疡面；部分病鹅的腺胃及肌胃充血。

【诊断】根据流行病学、临床症状和病理变化三方面进行该病的综合诊断。如需确诊，可以用鸡胚进行病毒分离，采用血凝试验和血凝抑制试验、中和试验等血清学方法进行鉴定。

【治疗】本病到目前为止没有特效化学药物。鹅群发生该病时，可注射鹅副黏病毒高免血清或高免卵黄抗体进行治疗，同时使用一些抗生素防止继发感染。

【防控】未免疫种鹅所产种蛋孵化的雏鹅，应在 7 日龄进行鹅副黏病毒病灭活疫苗的免疫接种，肌内或皮下注射，0.3 毫升/只。接种后 10 天内隔离饲养，防止雏鹅免疫力产生之前被感染。

免疫种鹅的种蛋孵化出的雏鹅，由于体内存在母源抗体，应在 15～20 日龄进行鹅副黏病毒病灭活疫苗的免疫接种，肌内或皮下注射，0.5 毫升/只，免疫期 3 个月。

后备种鹅的免疫程序：在雏鹅阶段用鹅副黏病毒病灭活疫苗进行第 1 次免疫接种，0.3 毫升/只；3 个月后进行第 2 次免疫接种，0.5 毫升/只；在产蛋前 2 周进行第 3 次免疫接种，0.5 毫升/只。免疫期 6 个月。

引进新鹅的生物安全措施：买鹅之前，先要了解疫情，不要到疫区购买任何年龄的鹅。刚买进的鹅不要立即与自养的鹅群混养，要隔离饲养 2 周后再逐渐合群。为了安全起见，购进雏鹅或者后备种鹅要立即接种疫苗，不要与已有的鹅群混养，应当隔离饲养 10 天以上，等鹅对所免疫的疫病有了免疫力以后再混养或放牧。

（4）鹅坦布苏病毒病

坦布苏病毒病是引起水禽（鸭、鹅）采食量和产蛋量快速下降、腹泻、运动障碍和神经症状的一种传染病。

该病于 2010 年 4 月首先在中国的浙江、江苏和福建发生，后蔓延至中国东部、南部等主要水禽养殖区域，给水禽养殖业造成巨大损失，仅 2010 年直接经济损失即达 50 亿元。

【流行病学特点】种鹅、肉鹅均可发病，无日龄区别，一年四季均可发生，夏秋季节多发，发病鹅群感染率可达 100％，死亡率 5％左右，高的可达 20％以上。日龄越小发病越严重，死亡率越高。自然感染潜伏期 2～3 天，发病后 8～10 天为发病高峰，病程 3～4 周。有的鹅群 20 日龄左右发病，持续 30 天甚至到 70 多日龄出售时还在发病，有的鹅群反复感染，间隔 1 个月出现二次发病甚至三次发病。实验室感染排毒时间长达 30 天。该病既可水平传播又可垂直传播，野鸟和蚊子可带毒传播该病。该病感染人时，引起人皮肤瘙痒。

【临床症状】发病鹅体温升高、精神萎靡，采食量下降，一般下降 20％～30％，先降料后降蛋，产蛋鹅产蛋率下降 20％左右，排黄白色或绿色水样稀便，部分发病鹅腿、翅麻痹，表现为腿软、腿瘸、发抖、运动失调，翅膀下垂拖地，出现扭头、转圈、仰卧侧卧等神经症状，少数有呼吸道症状。发病鹅皮肤瘙痒、羽毛沾水，不爱下水或下水后浮在水面不动。种鹅发病后，低产蛋率维持 2 周左右，后期掉毛，采食量和产蛋率逐渐回升，逐渐长出新羽毛，从产蛋低谷恢复至发病后的高峰（一般比发病前的高峰低 2％～5％）需要 25～30 天。种鹅感染后受精率、孵化率降低，孵化后期死胚增多，死胚头颈水肿，出现"狮子"头，孵出的雏鹅难养，成活率低。

【病理变化】特征性病变主要见于卵巢、肝脏和气囊，卵泡出血、融合、破裂和变性坏死。肝脏肿大、表面起疱，疱内有黄色液体。肝脏边缘斑块状出血、坏死。胸气囊和腹气囊混浊，上有黄白色黏液或干酪物。心肌白色条纹状坏死，心包积黄色液体，肠道环状淋巴带肿胀，有的一侧腿膝关节下方肌肉斑点状出血，脑膜出血。极少数气管中有黏液或胶冻状物。死亡鹅胚胸肌、腿肌和头顶斑状或片状出血，后期死胚颅部和下颌部水肿，皮肤下有胶冻状物。

【诊断】根据流行病学、临床症状和病理变化可作出初步诊断。确诊需将病料接种鸭胚、鹅胚、BHK 或 Vero 细胞进行病毒分离，RT-PCR 检测胚体或细胞培养液，或者 ELISA 方法测定发病前后双份血清抗体。

【防控】发病后没有特异的治疗方法，可采取综合防控方法，如使用抗病毒中草药、增强免疫力的药物和防止继发感染的抗生素如氧氟沙星进行治疗，但治疗见效缓慢。可使用农业农村部批准的弱毒疫苗或（和）灭活疫苗进行预防。

(5) 雏鹅新型病毒性肠炎

【流行病学特点】该病病原是一种新型病毒，初步认定为腺病毒。该病主要危害 3～30 日龄的雏鹅，死亡高峰期为 10～18 日龄，死亡率在 25%～75%，甚至可达到 100%。传播途径主要为经口感染。10 日龄以后死亡的雏鹅有 60%～80% 的病例出现"香肠"样病变。本病的流行虽然有明显的季节性，却因各地种鹅产蛋季节、育雏的习惯及母鹅受感染的程度不同而各有差别。

【临床症状】本病自然感染潜伏期为 3～5 天，最急性病例多发生于 3～7 日龄雏鹅，多无先期症状而突然死亡，极少数有几小时至 1 天的病程，常在昏睡中死亡。急性病例常发生于 8～15 日龄雏鹅。病鹅精神沉郁，食欲不振，掉群，呆立，甚至蹲在地上不动，羽毛散乱湿毛，排灰白色或黄白色稀粪。小鹅还出现呼吸困难，流浆液性鼻液，临死前两脚麻痹不能站立，或以喙着地昏睡而死，部分出现头向后仰，病程常为 3～5 天。慢性病例主要发生于 15 日龄以上雏鹅，主要表现为间歇性腹泻和消瘦。

【病理变化】本病的主要特征性病变在肠道。发病早期，日龄小、死亡较快的鹅，主要病变为小肠各段严重出血，心脏、肝脏有轻微出血，其他器官无明显变化。病程稍长的死亡雏鹅，小肠严重出血，黏膜表面可见少量黄白色凝固的纤维素性渗出物，并有少量片状坏死物。发病后期，肠黏膜充血、出血，浆液性分泌物增多，肠黏膜坏死脱落形成栓子。肝脏脂肪变性，肺脏、支气管充血、出血，部分肺组织中出现干酪样坏死灶。胰脏、食道无明显变化，脑组织无病变。急性死亡鹅的尸体脱水明显。

【诊断】该病与小鹅瘟病变基本相似，常为混合感染，仅根据临床特征、剖检病变很难区别，应注意从流行病学、临床症状和病理变化上仔细区分。其特征性病理变化主要是肠道出血及小肠内形成凝固性的栓塞物，确诊需要进行实验室的病毒分离鉴定及血清中和试验。

【防控】预防本病最关键的措施是严禁从疫区引进种鹅，同时在疫区对鹅群进行免疫预防。用小鹅瘟-雏鹅新型病毒性肠炎二联弱毒疫苗免疫种鹅，在种鹅开产前1月左右间隔7～14天免疫2次。

雏鹅免疫，用小鹅瘟-雏鹅新型病毒性肠炎二联弱毒疫苗口服免疫，但对已感染的雏鹅不能起到预防作用。

用高免血清进行预防，给1日龄雏鹅皮下注射高免血清（0.5毫升/只）或高免卵黄抗体（1～1.5毫升/只），可起到良好的保护效果。

110 鹅常见的细菌性疾病有哪些？怎样防治？

（1）鹅大肠杆菌病

【流行病学特点】鹅大肠杆菌病一年四季均可发生，以冬末春初和炎热夏季多发。其病原为大肠埃希氏菌，可感染各种日龄鹅，发病率为10%～50%。其中雏鹅和开产鹅较易感，雏鹅死亡率较高，在产蛋种鹅发生时又称"蛋子瘟"。最常见的感染途径为消化道，饲养管理不当、养殖环境控制不佳，如存在潮湿污浊的空气、场舍内泥泞的粪便污水，都极易导致病菌滋长，引发本病。

【临床症状】雏鹅、青年鹅患病后精神不振，食欲减退，站立不稳，口有分泌物，眼睛凹陷脱水，下痢，粪便稀薄、恶臭、带有白色黏液或混有气泡，肛门周围污秽、沾有粪便，严重的呼吸困难。有的患病鹅出现瘫痪。

患病产蛋母鹅喙和蹼发绀，羽毛松乱。腹泻，粪便多呈蛋花汤样，混有凝固蛋白和蛋黄，并带有蛋清。不易恢复其产蛋机能。患病公鹅整个阴茎严重充血，肿大 2～3 倍，螺旋状的精沟难以看清，在不同部位有芝麻至黄豆大黄色脓性或黄色干酪样结节，外露不能缩回，其表面有溃疡或结节，严重时失去交配能力。

【病理变化】病死雏鹅、青年鹅心包积液，心肌内壁有条纹状出血。气囊发炎，部分病死鹅肝脏上有白色假膜覆盖。肠黏膜肿胀、弥漫性出血充血，部分病鹅有腹膜炎。

产蛋母鹅最主要病变在生殖器官，绝大部分病例输卵管蛋白分泌部有大小不一、像煮熟样的蛋白团块滞留，输卵管伞部有黄色或淡黄色纤维素性渗出物附着。泄殖腔常有硬壳蛋或软壳蛋滞留，尤其是急性病例。有些较大卵泡呈煮熟蛋黄样，接近成熟的卵泡包膜松弛易破。亚急性病例腹腔中充满着淡黄色腥臭的蛋黄水和凝固蛋黄块，肠管粘连，形成卵黄性腹膜炎病变。

【诊断】根据发病季节，病鹅的肝周炎、腹膜炎，以及所特有的卵巢、输卵管和卵黄性腹膜炎的病理变化，即可作出本病的诊断。此外，要区别巴氏杆菌和里默氏杆菌的感染，必要时作细菌分离培养和鉴定。

取病料接种麦康凯琼脂、伊红美兰琼脂培养基，37℃培养 24 小时，在麦康凯琼脂上长出亮红色菌落，并向培养基内凹陷生长，在伊红美兰琼脂上出现特征性黑色菌落，并有金属光泽。

【治疗】大肠杆菌对多种抗生素敏感，如庆大霉素、丁胺卡那霉素、新霉素、磺胺类药物、头孢类药物等，可以有选择地应用。然而从禽体分离的大肠杆菌常对一种或多种药物产生耐药性，所以有条件的鹅场，应对从发病鹅体所分离到的菌株进行药物敏感性试验，以避免使用无效的药物。另外，在治疗用药时，最好做到注射、口服同时进行，以达到最佳疗效。

【防控】大肠杆菌多为条件性致病菌，广泛存在于自然界当中，对大肠杆菌病的控制主要依靠饲养管理。注意鹅舍通风、干燥，防止饲料发霉、变质和被污染，饮水要清洁，注意雏鹅保温，饲养密度不宜过大，饲料营养成分要全面。场地及用具应定时消毒。平时还要加强鹅群的消毒卫生措施，对公鹅要逐只检查，将外生殖器官上有病变的公鹅剔除。

由于大肠杆菌血清型较多，利用发病鹅场分离的菌株制备灭活疫苗免疫鹅群，可获得较好效果。

（2）鹅沙门氏菌病

【流行病学特点】本病通过消化道和呼吸道传染，许多动物、昆虫、禽类等都可传播本病，饲养人员也可成为本病的传播者。沙门氏菌可通过种蛋垂直传播，所以种鹅若感染沙门氏菌，孵出的小鹅就会因感染本菌而发生副伤寒。鹅副伤寒主要发生在雏鹅，4～14日龄鹅最易感染，成鹅体内常常带菌而不发病，但可作为传染源向外界排出病菌。雏鹅在过热、维生素缺乏及营养不良时易发生该病。

【临床症状】该病的潜伏期为12～18小时。急性病例常发生在孵出后数天内，往往不显症状而死亡。一般稍大的鹅发病后可见病鹅下痢，眼睑肿胀，流泪，气喘。患鹅常常出现肛门周围被粪便污染，有的阻塞肛门，造成排粪困难。成鹅多呈慢性，下痢，消瘦或关节肿大、跛行。

【病理变化】典型病例的肝脏肿大呈古铜色，肝实质内有灰黄色细小的坏死灶；胆囊肿大，胆汁充盈；肾脏色泽暗红或苍白色；肠黏膜充血、出血，盲肠中有白色的豆腐渣样物质。慢性病例主要见于成鹅，可见卵巢和输卵管变形，肠黏膜坏死溃疡。

【诊断】本病诊断比较困难，根据雏鹅的发病情况和剖检变化排除小鹅瘟、鸭瘟等肠道疾病后，可怀疑为本病。也可通过投服抗生素进行药物治疗性诊断。确诊需进行实验室检验，分离和鉴定出沙门氏菌。

【治疗】对发病的鹅群立刻投服抗菌药物进行治疗。

①环丙沙星：每升水中加入 50 毫克，饮水 3～5 天；或按每千克体重 2.5～5 毫克，肌内注射。

②恩诺沙星：按每千克饲料加入 100 毫克，拌料，饲喂 3～5 天；或每升水中加入 50 毫克，饮水 3～5 天。

【防控】由于沙门氏菌可垂直传播，所以要求种鹅健康无病，孵化时要注意对种蛋和孵化器严格消毒，对小鹅应注意温度、湿度控制和保持通风良好等。在雏鹅饲养的前 3 天，应注意在饲料和饮水中添加抗菌药物进行预防。在治疗本病时还应注意，沙门氏菌易产生耐药性，所以投服药物时应交替使用，并及时更换。肉鹅在屠宰前 1 个月应停用抗生素。

（3）鹅巴氏杆菌病

【流行病学特点】鹅巴氏杆菌病，也称禽霍乱或出血性败血症，是由多杀性巴氏杆菌引起的鹅的一种急性败血性传染病。污染的环境、饲养用具、饲料、饮水，带菌的飞沫及灰尘等是本病主要的传播媒介。发病鹅和病死鹅均是本病的传染源。病原通过呼吸道、消化道进入体内。

巴氏杆菌为条件性致病菌，平时存在于鹅的呼吸道，并不致病，在鹅舍潮湿、阴暗、拥挤、气温突变、维生素缺乏、饲料中蛋白质及矿物质不足、体内外寄生虫感染等不良因素的刺激下，鹅的抵抗力降低，可诱发本病。该病的发生一般无明显的季节性和年龄差异，且一般在鹅群中多为散发，但在水源严重污染、鹅长期在污染水中活动时能引起暴发流行。

【临床症状】该病自然感染时，潜伏期为 3～5 天。因个体抵抗力的差异，在临床表现上可分为最急性型、急性型、慢性型三型。

①最急性型：多见于流行初期，常见不到任何症状而突然倒地死亡。

②急性型：本型最为多见。病鹅主要表现精神沉郁，食欲废绝，离群呆立，常蹲伏于地上并将头藏在翅下，驱赶时行动迟缓，不愿下水；腹泻，排灰色或绿色稀粪，体温升高至 42～43℃；呼

吸困难，病程 2～3 天。

③慢性型：多见于流行后期，部分病例由急性转化而来。病鹅主要表现为持续性下痢，消瘦，精神沉郁，食量少或仅饮水。后期常见一侧腿关节肿大、化脓，驱赶时出现跛行。部分病例还表现有呼吸道症状，鼻腔中流出浆液性分泌物，呼吸不畅，贫血，肉瘤苍白。病程可持续 1 个月以上，最后因失去生产能力而淘汰。

【病理变化】最急性型病例可见肝脏有不同程度的肿大与瘀血，心冠脂肪及心外膜有少量散在出血点，消化道病变不明显。急性型病例全身出血性败血性病变，心包积液，色淡红，心包膜有点状出血，左右心室内膜、冠状脂肪有点状出血，严重者为刷状出血，肝肿大、充血、质脆，肝被膜下有粟粒大棕色或灰白色坏死灶；气管及支气管黏膜充血、出血，被膜下点状出血；小肠黏膜有不同程度的炎性病变。慢性型病例主要是空肠和回肠有不同程度的卡他性炎性病变，小肠黏膜脱落，黏膜下层水肿，肠壁增厚，腿关节炎性肿大、化脓，切开有干酪样物质。

【诊断】根据临床症状及剖检病变不难对本病作出诊断，进一步确诊可取死鹅肝、脾组织抹片，革兰氏染色镜检，如出现大量两极浓染的革兰氏阴性短杆菌即可确诊。也可用病变组织进行细菌培养和动物接种分离病原菌而作出诊断。应注意该病与小鹅瘟、小鹅流行性感冒的鉴别诊断。

【治疗】链霉素、土霉素及环丙沙星等喹诺酮类抗生素均可用于本病的治疗，对急性病例有一定疗效。链霉素，肌内注射，成年鹅 10 万国际单位/只，1 次/天，连用 2～3 天。土霉素，每千克饲料加入 2 克，拌料饲喂。雏鹅的药量酌情减少。应注意的是，屠宰前 15 天禁用抗生素。

对发病的鹅群，可用抗禽霍乱高免血清进行紧急预防，皮下注射，3～5 毫升/只；治疗量可适当加大，隔日重复注射 1 次，对早期病例有效。对于病程较长、体质较弱的鹅，在使用上述药物的同时，适当地补充葡萄糖盐水、维生素 C 等药物，静脉或肌内注射，可提高治愈率。

【预防】本病重在预防，平时应加强饲养管理和清洁卫生，保持鹅舍干燥通风，防止饲养条件的骤然变化，减少不良因素的刺激。可选用禽霍乱氢氧化铝甲醛灭活疫苗、禽霍乱组织灭活疫苗及禽霍乱蜂胶疫苗进行免疫接种。

（4）鹅传染性浆膜炎

【流行病学特点】本病没有明显的季节性，一年四季均可发生，但以冬春季节较严重，病原为里默氏杆菌。在一般情况下，主要侵害1～8周龄雏鹅，2～3周龄鹅最易感，8周龄以上较少发病，但可带菌，成为传染源。该病主要通过呼吸道和皮肤外伤感染，育雏舍密度过大、换气不畅、潮湿、营养不良都是本病发生的诱因。

【临床症状】自然感染的潜伏期一般为1～3天，个别可达7天。根据临床表现和病程长短，可将本病分为急性型、亚急性型和慢性型3种。

①急性型：主要是雏鹅在受到应激因素刺激后突然发病，一般不表现明显症状即发生死亡。

②亚急性型：多见于2～3周龄的雏鹅，病程一般为1～7天。本病主要表现为眼、鼻有浆液性或黏液性分泌物，眼周围羽毛粘连形成"黑眼圈"，个别鹅眼周围羽毛脱落，嗜睡，缩颈，喙抵地面，两肢软弱，跛行或卧地不起，伏卧，行走打晃，转圈，倒退，前仰后翻，翻倒后仰卧，不易翻转；粪便稀薄，呈绿色或黄绿色，部分雏鹅腹部膨胀；濒死期出现运动失调，两肢伸直呈角弓反张状态。

③慢性型：日龄较大的鹅或流行后期一般多呈慢性经过，致死率较低，为1%～7%，但易出现僵鹅、残次鹅，造成鹅发育迟缓，增重缓慢，饲料报酬降低。

【病理变化】本病特征性病变为浆膜面出现广泛性的纤维素性渗出，心包膜、肝表面和气囊最为明显。

急性死亡鹅心包积液；肝脏肿大，呈橙红色，实质较脆。病程较短的病死鹅心包液增多，心外膜表面覆盖纤维性渗出物；肝脏多肿大，常呈土黄色或棕红色，有散在针尖大小数量不等的灰白色坏死点；胆囊肿大，内充满浓稠胆汁。病程较长者，其心包内有淡黄色纤维素，使心包膜与心外膜粘连，渗出物干燥；肝脏表面覆盖一层灰白色或灰黄色纤维素膜，极易剥离；鼻窦肿大的病鹅，刺破鼻窦后可见大量的干酪物蓄积。

【鉴别诊断】根据临床症状、剖检病变可初步诊断为鹅传染性浆膜炎，确诊需进行病原分离鉴定。在临床上本病与鹅大肠杆菌病、鹅沙门氏菌病、鹅巴氏杆菌病非常相近，应注意鉴别。

【防控】执行"全进全出"制度，加强饲养管理，减少应激因素。在流行地区，通过在雏鹅饲料中添加抗生素等来控制发病；使用鸭传染性浆膜炎灭活疫苗，在 7~10 日龄和 3 周龄左右各接种 1 次，可取得一定效果。由于流行的血清型有多个，因此，制备疫苗必须针对流行菌株的血清型，方可奏效。

药物防治是控制雏鹅发病与死亡的一项重要措施，多种抗生素对本病均有一定的疗效，但容易产生耐药性。因此，应通过药物敏感试验选用药物。目前效果较好的药物有丁胺卡那霉素、林可霉素等。

（5）小鹅流行性感冒

【病因】小鹅流行性感冒是由败血志贺氏杆菌（败血嗜血杆菌）引起的，注意与禽流感相区别。本病大多发生在春秋雨水多的季节。自然流行一般经 2~4 周才能停止蔓延。雏鹅比成年鹅更为易感，且死亡率极高，可达 90%~100%。在大群饲养时，常因本病的发生与流行，造成严重损失，发病率和死亡率均为 10%~25%。

发病鹅及带菌鹅是本病的传染源，病原菌可通过污染的饲料和饮水传播。鹅除可经由消化道感染本病外，还可通过呼吸道感染。当出现应激情况，如气候骤变、长途运输、免疫等，以及饲养管理较差时均可促使本病发生。

【临床症状】本病潜伏期极短，感染后几小时即出现症状。病鹅食欲不振，精神萎靡，羽毛松乱，缩颈闭目，体温升高，不活泼，喜蹲伏，怕冷，发抖、常挤成一堆。病鹅从鼻孔中不断流浆液性分泌物，有时还有泪水，呼吸急促，并时有鼾声，甚至张口呼吸。病鹅为了尽力排出鼻腔黏液，头向后弯，常强力摇头，把鼻腔黏液甩出去，并在身体前部两侧羽毛上揩擦鼻液，使整个雏鹅群羽毛脏湿。病重者出现下痢，呼吸困难，脚麻痹，不能站立，无力蹲伏在地。即使勉强站立，也立即翻倒。病程2～4天。

【病理变化】病鹅鼻腔、喉头、气管、支气管有大量半透明浆液性分泌物，皮下、肌肉、肠黏膜出血。呼吸器官有明显的纤维性薄膜增生。脾肿大，表面有粟粒状灰白色坏死斑点。心内外膜及黏膜充血或出血。肝脏脂肪变性。

【预防】

①加强饲养管理：发生鹅流行性感冒后，死亡率与饲养管理有直接关系。因此，在育雏过程中，尤其要加强饲养管理，做好保温防潮，要饲喂营养充分的全价配合饲料。

②药物预防：在天气变化及应激情况下，采用药物预防。除增加多种维生素的投入外，可用磺胺嘧啶，第一次每只鹅口服1/2片（0.25克），以后每隔4小时喂1/4片，连喂3～4天；或者在饲料中加0.5%磺胺嘧啶，连喂3～4天。

【治疗】小鹅流行性感冒病程短，治疗效果不理想，主要应加强预防。可先做药敏试验，再投药治疗，同时适当添加多种维生素。

①20%磺胺噻唑钠注射液：第一次每只雏鹅肌内注射1毫升，4小时后再注射0.5毫升，3天为1疗程。

②丁胺卡那霉素：肌内注射，按每千克体重2.5万～3.0万国际单位，每天1次，连用2天。

③氟苯尼考：1克拌料20千克饲喂，1天1次，连用3～5天。

（6）鹅葡萄球菌病

【流行病学特点】各种年龄的鹅对本病均易感。当饲养管理不当，鹅体表皮肤受损，抵抗力下降时，可通过伤口和消化道感染；鹅群过密、拥挤，鹅舍通风不良，空气污浊，饲料单一，缺乏维生素和矿物质等，均可促使本病发生和增加死亡率。另外，种鹅舍垫草潮湿，粪便污染，可导致蛋壳的污染，病菌侵入蛋内，造成孵化时死亡或成为带菌者。

【临床症状】依据本病的临床症状，可将本病分为关节炎型、急性败血型、脐炎型等。

①关节炎型：常见于青年鹅或种鹅。病鹅初期局部发热、发软、疼痛，站立时频频抬脚，驱赶时表现跛行或跳跃式步行，跖、趾关节炎性肿胀，附近的肌腱、腱鞘也发生炎性肿胀。患部呈紫红色或紫黑色，不愿行动，病程较长时肿胀处发硬，有的破溃或成黑色结痂。由于行走、采食困难而逐渐消瘦，衰竭死亡。

②急性败血型：病鹅表现精神不振，食欲废绝，两翅下垂，缩颈、嗜睡，下痢，排出灰白色或黄绿色稀粪。典型症状为胸腹及大腿内侧皮下浮肿，滞留有数量不等的血样渗出液，外观呈紫黑色，手摸有波动感，有的自然破溃流出茶色或紫红色液体，污染周围羽毛。

③脐炎型：多见于雏鹅，尤其是1～3日龄的雏鹅。病雏临床表现怕冷，眼半闭，翅张开，腹部膨大，脐部肿大发炎，局部呈紫黑色或黄红色，触摸硬实，俗称"大肚脐"。病雏一般在2～5日龄内死亡。

【病理变化】

①关节炎型：可见关节腔内有浆液性或脓性物质，后期为干酪样物质。

②急性败血型：可见整个胸腹部皮下充血、出血，呈弥漫性紫红色，有大量黄红色胶冻样水肿液；切开胸肌可见肌肉水肿及条纹、斑状出血；肝脏肿大，呈淡紫色，有花纹状变化。脾脏肿大，呈紫红色，有白色坏死点；心包积液；病程稍长的有化脓和干酪样坏死灶。

③脐炎型：可见脐炎和卵黄吸收不全，卵黄稀薄如水。

【诊断】根据本病的流行特点、临床症状和剖检病变可作出初步诊断。确诊需依靠病原分离和鉴定等实验室诊断。

【治疗】对局部损伤感染的病鹅，可用碘酊棉球擦洗病变部位，以加速局部愈合吸收。硫酸庆大霉素，按每千克体重5 000单位，2次/天，连用3天，效果较好。此外，还可选用红霉素、卡那霉素等进行治疗。

【防控】注意鹅舍通风，保持清洁卫生，做好鹅舍消毒，及时更换垫料，避免拥挤。经常注意环境卫生，以及用具的清洁卫生。鹅的运动场要保持平整，清除碎铁丝、破玻璃等杂物，尽量避免鹅的外伤发生。种公鹅应断爪，防止抓伤母鹅，发现外伤及时处理。

加强饲养管理，减少应激因素。预防雏鹅发生脐炎，必须从种鹅产蛋环境着手，保持蛋的清洁，减少粪便污染。孵化过程中应注意孵化器的洗涤与消毒。对新生雏鹅注意保温，防止挤压，保证饮水清洁。成年鹅游泳活动的池塘水应保持清洁，不要在有污水的池塘中放牧。

111 鹅常见的真菌性疾病有哪些？怎样防治？

（1）鹅曲霉菌病

【流行病学特点】曲霉菌特别容易在成堆的潮湿饲料、垫草和阴暗潮湿的栏舍内生长。在自然条件下，各种年龄鹅都有易感性，以雏鹅易感性最高。曲霉菌孢子易穿过蛋壳而引起死胚，或出壳后不久出现症状。孵化室严重污染时，新生鹅雏可受感染。梅雨季节用发霉的饲料和垫料易引起感染。应激因素，或长期使用抗生素和考的松类药物可促进本病的发生。

出壳后的雏鹅被曲霉菌感染 48 小时即开始发病死亡，4～15日龄是本病死亡的高峰期，以后逐渐减少。

【临床症状】1 月龄以内的雏鹅多呈急性经过。自然感染的潜伏期一般为 2～7 天，急性病雏初期常无特征症状，仅是精神不振、食欲减少，继之出现口渴，频频饮水，羽毛松乱，两翼下垂，喜缩于墙角或蹲于僻静之处，闭目无神。病程稍长者，表现呼吸困难，伸颈张口呼吸。呼吸状态的变化是本病的特征。当肺部结节密集或炎性渗出物增多充塞气管时，病鹅出现伸颈张口吸气，常发出啰音及哨音，有时摇头连续打喷嚏。一些病例鼻腔充塞或流出浆液性、脓性分泌物。眼睛感染曲霉菌的鹅，初期结膜肿胀，继之眼睑肿胀。

慢性病鹅多数是由原来发病较轻而耐过的急性病鹅发展而来，部分是雏鹅和青年鹅。幼鹅表现出生长缓慢，发育不良，羽毛蓬乱无光，不喜运动，闭目呆立，眼窝下陷，走态不稳，喜立一隅或热源处。有的口腔黏膜出现溃疡，逐渐消瘦而死亡。成年鹅多表现为慢性型症状，产蛋母鹅停止产蛋或产蛋量减少。

【病理变化】病变分局限性或全身性，取决于侵入部位。一般以侵害肺部为主。典型病例均可在肺部发现粟粒大至黄豆大的黄白色或灰白色结节，结节的硬度似橡皮或软骨，切开可见有层次的结构，中心为干酪样坏死组织，内含大量菌丝体，外层为类似肉芽组织的炎性反应层，并含有巨细胞。除肺外，气管和气囊也能见到结节，并可能有肉眼可见的菌丝体，呈绒球状。其他器官如胸腔、腹腔、肝脏、肠浆膜等处有时亦可见到黄白色或灰白色结节。有的病变呈局灶性或弥漫性肺炎变化。

【诊断】根据流行病学、临床症状和剖检病变可作出初步诊断，确诊则需进行微生物学检查。取病理组织（结节中心的菌丝体最好）少许，置载玻片上，加生理盐水 1～2 滴，用针拉碎病料，加盖玻片后镜检，可见菌丝体和孢子；接种于马铃薯培养基或其他真菌培养基，生长后进行检查鉴定。

【治疗】本病目前尚无特效的治疗方法。用制霉菌素治疗有一定效果，100 只雏鹅每次用药 50 万单位，2 次/天，连用 2～4 天。可用 1：3 000 稀释的硫酸铜或 0.5％～1％碘化钾饮水，连用 3～5 天。

【防控】不使用发霉的饲料和垫料是预防鹅曲霉菌病的主要措施。垫料要经常翻晒，妥善保存，尤其是阴雨季节，防止霉菌生长繁殖。种蛋、孵化器及孵化厅均要按卫生要求进行严格消毒。

育雏室、土壤、尘埃中含有大量霉菌孢子，雏鹅进入之前，应彻底清扫、换土和消毒。消毒可用福尔马林熏蒸法，也可用 0.4％过氧乙酸或者 5％石炭酸喷雾，密闭数小时，通风后使用。

（2）鹅口疮

【流行病学特点】本病病原为白色念珠菌，雏鹅对本病的易感性比成鹅高，且发病率和病死率也高。病鹅的粪便含有多量病菌，散发污染垫料、饲料和环境。在通过消化道传染后，通过黏膜损伤造成侵入。内源性感染也不容忽视，如营养缺乏、长期应用广谱抗生素或皮质类固醇，饲养管理条件不好，以及其他疫病使机体抵抗力降低等，都可以促使本病的发生。

【临床症状】无特征性临诊症状。病鹅生长发育不良，精神委顿，嗉囊扩张下垂、松软，羽毛粗乱，逐渐瘦弱死亡。

【病理变化】在口腔黏膜上，开始为乳白色或黄色斑点，后来融合成白膜，呈干酪样的典型"鹅口疮"，用力撕脱后可见红色的溃疡出血面。这种干酪样坏死假膜最多见于嗉囊，表现黏膜增厚，形成白色、豆粒大结节和溃疡。在食道、腺胃等处也可能见到上述病变。

【诊断】病鹅上消化道黏膜的特征性增生和溃疡灶，常可作为本病的诊断依据。确诊需采取病变组织或渗出物作抹片检查，并作分离培养。

【治疗】大群治疗可在每千克饲料中添加制霉菌素 50～100 毫克，连喂 1～3 周。个别治疗，可将鹅口腔假膜刮去，涂碘甘油。嗉囊内可以灌入数毫升 2% 硼酸水。饮用 0.5% 硫酸铜溶液。

【防控】本病与卫生条件有密切关系，因此，要改善饲养管理及卫生条件，室内应干燥通风，防止拥挤、潮湿。种蛋表面可能带菌，在孵化前要消毒。另外，发现病鹅要及时隔离、消毒。

112 鹅常见的寄生虫性疾病有哪些？怎样防治？

（1）球虫病

【病因】鹅球虫病由艾美尔属和泰泽属的各种球虫引起。球虫寄生在上皮细胞内，发育到一定阶段形成卵囊进入肠道，随粪便排出体外。在外界，卵囊形成感染性卵囊。鹅经口感染这种卵囊后，子孢子在肠道内破卵囊而出，侵入肠上皮细胞，并大量繁殖，破坏上皮细胞，裂殖子从破坏的细胞内逸出，又侵入新的上皮细胞内，经裂体增殖，破坏新的上皮细胞。反复多次，使上皮细胞受到严重破坏，导致鹅发病。无性生殖若干代后形成卵囊，随粪便排出，在鹅粪便中可检到卵囊。

鹅球虫病通过被病鹅或带虫鹅粪便污染的饲料、饮水、土壤或用具等传播，饲养管理人员也可能成为球虫卵囊的机械性传播者。

鹅球虫与其他禽类的球虫一样，具有明显的宿主特异性，它只能感染鹅，同样，其他禽类的球虫也不能感染鹅。各种日龄的鹅均有易感性。雏鹅发病严重，死亡率高。由于饲养方式不同，发病日龄也不同。网上育雏因不接触地面和粪便而不易发病，常于下网接触地面后 4～5 天暴发鹅球虫病。如果常年地面饲养，发病日龄则无规律。但发病与季节有密切关系，每年 5—8 月为多发季节，其他季节发生较少。

【临床症状】鹅感染本病后，其症状依发病情况和病程长短分为急性和慢性。急性多为肾球虫病，病程为数天至 2～3 周，多见于 3～12 周龄的小鹅，开始精神不振，羽毛松乱无光泽，缩头，行走缓慢，闭目呆立，有时卧地，头弯曲伸至背部羽下，食欲减退或废绝，喜饮水，先便秘后腹泻，由稀糊状粪便逐渐变为白色稀粪或水样稀粪，以至泄殖腔周围沾有稀粪。眼迟钝和下陷，翅膀下垂，幼鹅的死亡率可高达 87%。肠道球虫可引起鹅的出血性肠炎，临床症状为食欲减退，步态摇摆，虚弱和腹泻，由于肠道损伤及中毒加剧，共济失调，有渴感，食道膨大部充满液体，食欲废绝，粪便稀薄带血，后期逐步消瘦，发生神经症状，痉挛性收缩，甚至发生死亡。死亡率较高。成年鹅也可发生但程度较轻。

【病理变化】根据流行特点、临床症状、病理剖检及粪便检查，进行综合性判断，可作出正确诊断。确诊要采取粪便和病变部位刮取物进行镜检，可查到卵囊。

【预防】场地卫生消毒工作是控制本病发生的重要措施，应及时清除粪便和更换垫草，并将清除物堆沤发酵腐败，以杀灭球虫卵囊。饲养场地保持清洁干燥，不在低洼潮湿及被球虫污染地带放牧。

将鹅群从高度污染的地区移开，幼鹅和成年鹅分群饲养。在小鹅未产生免疫力之前，应避开靠近有水、含有大量卵囊的潮湿地区。

【治疗】多种磺胺药可用于治疗鹅球虫病，使用下列抗球虫药有较好的预防和治疗作用。

①球痢灵：以125毫克/千克混入饲料，连喂3～5天，作治疗暴发性球虫病用。克球：多以250毫克/千克混入饲料作治疗用，预防量减半。

②氯苯胍：以33～66毫克/千克混入饲料连续使用。

另外，广虫灵、优素精、氨丙啉、球净、盐霉素、莫能菌素等药物，混入饲料对抗球虫均有一定的效果。但注意抗球虫药一般都应在屠宰前1周停药。

（2）前殖吸虫病

【流行病学特点】前殖吸虫病是由前殖吸虫引起的。在我国发现有5种。成虫在泄殖腔、输卵管内产卵，卵随粪便排出体外，如进入水中，被螺蛳吞食，虫卵在螺体内由毛蚴、胞蚴逐渐发育成尾蚴，尾蚴离螺体，到水中游动，附着于岸边水草上，遇到蜻蜓幼虫，就钻进其体内，并在其体内发育成囊蚴，鹅在吞食含有囊蚴的蜻蜓或其幼虫时则被感染，进入鹅的消化道，包囊被溶解，幼虫沿肠道移行到泄殖腔等处，经1～2周，即发育为成熟的吸虫。

鹅感染的几种前殖吸虫在我国许多省份均有发现。一般来说，多发生在夏秋季节，呈地方性流行，这与蜻蜓出现的季节有关。鹅经常在水边觅食，吞食蜻蜓幼虫的机会较多，各种日龄鹅均可感染。

【临床症状】表现为精神不佳，食欲减退，羽毛蓬乱。初期患鹅症状不明显，食欲、产蛋和活动均正常，但出现产薄壳蛋，蛋易破。逐渐产蛋率下降，逐渐产畸形蛋、发生蛋滞留或流出石灰样的液体。消瘦，羽毛脱落。腹部膨大，下垂，产蛋停止。少活动，喜蹲窝。后期体温升高，渴欲增加。全身乏力，腹部压痛，泄殖腔突出，肛门周边潮红，腹部及肛周羽毛脱落，严重病鹅可在3～5天内死亡。

【病理变化】主要病变是输卵管发炎，由卡他性到格鲁布性炎症。输卵管黏膜充血、极度增厚，在黏膜上可找到虫体。此外，尚有腹膜炎，腹腔内含有大量黄色混浊的液体。脏器被干酪样凝集物黏着在一起；肠管间可见到浓缩的卵黄；浆膜呈现明显的充血和出血。有时出现干性腹膜炎。

【预防】定期驱虫。在流行区，根据发病的季节动态有计划地驱虫；消灭第一中间宿主，有条件地区可用药物杀灭；防止啄食蜻蜓及其稚虫，在蜻蜓出现的季节，勿在早晨或傍晚及雨后到池塘边放牧，以防感染。

【治疗】用四氯化碳治疗，效果较好，成年鹅每次3～6毫升，胃管投服，间隔5～7天可再投药1次。用硫双二氯酚，按每千克体重200毫克，一次口服。用六氯乙烷（吸虫灵），按每千克体重0.2～0.5克，拌入少量精饲料中，每天1次，连续3天，服药前要禁食12～15小时，如能与小剂量四氯化碳合用，则可提高效果。注意用四氯化碳驱虫时要按规定剂量投服，过多会引起中毒。

（3）鹅绦虫病

【病原】为绦虫纲绦虫，常见的有矛型剑带绦虫、片型皱褶绦虫、冠状膜壳绦虫、巨头腔带绦虫。

【流行病学特点】本病一般呈地方流行性，放牧或庭院养殖的鹅，肠道内寄生绦虫的比例高。在夏季，中间宿主繁多，因而绦虫也常见。本病主要危害雏鹅，成年鹅也有感染，对1月龄左右的雏鹅危害严重。

【临床症状】主要临床表现为食欲减退或无食欲，饮水增加，消化出现障碍，粪便稀薄，粪便中含有绦虫节片。雏鹅生长发育受阻，游牧离群，两腿无力，常蹲在岸边。吸收绦虫毒素后出现神经症状，运动失调，步态不稳，突然倒地，消瘦、贫血，羽毛逆立，最后极度衰竭而死亡。

【病理变化】剖检可在小肠内发现大量虫体，由于绦虫头节破坏肠壁，常引起肠道出血和炎症，虫体数量多时可堵塞肠道，肠道内黏液增多，肠浆膜特别是心外膜出血。

【诊断】根据临床症状，结合粪检有虫卵或剖检发现虫体可作出诊断。

【防控】治疗可选用丙硫咪唑、氯硝柳胺、吡喹酮、硫双二氯酚等药物。

雏鹅应在放牧前18天驱虫1次，成年鹅应在春、秋季节各驱虫1次，驱虫后的粪便应及时清除并作无害化处理。雏鹅和成年鹅应分开放牧和饲养，尽量不要到死水塘中放牧，最好在流动的水面放牧，这样可以减少感染的机会。

113 鹅常见的中毒性疾病有哪些？怎样避免和治疗？

（1）黄曲霉毒素中毒

【病因】在温暖潮湿地区，玉米及花生等易被黄曲霉污染并产生毒素，这些发霉饲料被畜禽摄入后即会造成黄曲霉毒素中毒。现在已知的黄曲霉毒素有12种以上，分为B和G两大类。其中以黄曲霉毒素 B_1 的毒性最强，对人和畜禽都有剧烈的毒性，其主要是损害动物肝脏。食入少量即引起慢性肝损害，食入大量时即可引发急性肝炎，长期食入黄曲霉毒素能导致肝癌的发生。该毒素是目前危害最大的致癌物质之一。

【临床症状】幼鹅多为急性中毒，不见明显临床症状即突然死亡。病程稍长的病鹅表现为食欲消失、鸣叫，步态不稳，运动失调，腿部和脚部因皮下出血而呈紫红色，有明显黄疸，死时呈角弓反张，死亡率可达100%。

成年鹅急性症状一般与幼鹅相似，常见饮水增加，下痢，排出绿色稀便；慢性中毒临床症状不明显，仅见精神不振，食欲减少、消瘦、贫血、衰弱，病程长的发展为肝硬化及肝癌。

产蛋种鹅在摄入含水分高的霉变玉米后，往往会造成产蛋性能下降，种蛋在孵化过程中出现散黄并致早期胚胎死亡。

【病理变化】急性中毒，剖检时可见肝肿大，色淡，表面粗糙，有细颗粒状和针尖至粟粒大的灰白色坏死点；胆囊扩张，充满胆汁。

慢性中毒，剖检时常见肝硬化，不肿大，呈灰黄色，肝表面粗糙，有大米至黄豆大结节凸出肝表面。

【预防】预防黄曲霉毒素中毒的根本措施是不喂发霉饲料。要加强饲料的保管工作，防止霉变。仓库若被产毒黄曲霉菌株污染，可用福尔马林熏蒸消毒。

【治疗】一旦发生黄曲霉毒素中毒，应立即更换饲料。发病后可给予病鹅适量的盐类泻剂，并进行对症治疗。

病禽的排泄物中含有毒素，禽舍粪便应彻底清除，集中用漂白粉处理。被毒素污染的用具等可用2％次氯酸溶液消毒。病禽器官组织内部含有毒素，应该进行深埋或焚烧，以免影响公共卫生。染有黄曲霉毒素的粮食，需经去毒后方可利用。

（2）喹乙醇中毒

【病因】喹乙醇不仅对革兰氏阴性菌、革兰氏阳性菌有抗菌作用，而且具有促进生长的作用，因此，除广泛用于促鹅生长和催肥外，还用于防治肠道炎症、禽出血性败血症等，但使用不当，也会发生中毒。喹乙醇中毒主要原因是使用量过大、连续使用时间过长或拌料不均匀。

【临床症状】典型症状为病鹅出现腿麻痹、脚软、抽搐、瘫痪，最后双腿不断摆动，挣扎不止而死亡。鹅群在出现中毒病倒后，往往在中毒后的3～6天为死亡高峰期。由于中毒情况不同，病程长短不一，最短的2～3天，最长的50天以上。病鹅表现精神沉郁，食欲锐减或废绝，蹲伏不动，头及双翅下垂，羽毛松乱，摇头，呼吸困难。幼鹅畏寒，扎堆，消化不良，排带血或白绿色稀便。

慢性中毒者，生长发育明显受阻，消瘦、行走困难。常发生光过敏症。

【病理变化】口腔有大量黏液，血液凝固不良，心肌迟缓、出血。腺胃黏膜易脱落、溃疡，肌胃角质层下有出血斑。腺胃和肌胃交界处有出血带。小肠、盲肠及泄殖腔黏膜充血、出血，盲肠、扁桃体充血、出血；肝、脾均肿大至正常的数倍，瘀血、色深、质脆易碎；肾脏有尿酸盐沉积。

【预防】正确掌握喹乙醇的使用剂量，是预防本病的关键。

喹乙醇具有促进家禽生长的作用，所以饲料中常常会添加，正常用量是每吨饲料添加 25～35 克；预防疾病的用量：每吨饲料添加80～100 克，连用 1 周，停药 3～5 天；治疗疾病的用量：每千克体重 20～30 毫克，每天 1 次，连用 2～3 天。最主要的是防止出现拌料不均匀现象，同时在用药期间要加大饮水量。

【治疗】鹅群中一旦出现喹乙醇中毒现象，应立即停止饲喂含有喹乙醇的饲料，立即采用下列方法对鹅群进行治疗。

首先在饮水中投放 5% 的硫酸钠水溶液或 0.1%～0.5% 的碳酸氢钠，连续饮水 3 天。病重鹅可逐只灌服；然后再饮用 5% 葡萄糖水或 6%～8% 的蔗糖溶液，并向水中添加维生素 C、维生素 B_6，用量分别为 1 毫克/千克、0.2 毫克/千克。在饲料中添加维生素，每千克饲料加 24 毫克，连用 1 周。同时，在饲料中添加氯化胆碱以保护肝、肾等脏器，减少死亡。另外，为了防止并发症，可向每升水中加入 16 万国际单位的庆大霉素，连用 3 天。

114 鹅常见的营养性疾病有哪些？怎样避免和治疗？

（1）种鹅产蛋高峰缺钙 规模化养鹅包括种鹅生产上，大都树立了采用全价配合饲料喂鹅的理念，而且一些饲料企业专门研发了鹅在各生产阶段的专用饲料添加剂，因而较少出现各种营养素不足的问题或疾病。

但在种鹅产蛋高峰期或之后的一个阶段，往往会由于产蛋所需动用大量的钙而出现钙、磷和维生素 D 缺乏，表现为腿脚软弱无力，步态不稳，跛行，常以跗关节触地，蛋壳明显变薄，经常出现软壳蛋、薄壳蛋，产蛋减少，种蛋孵化率显著降低，停止产蛋。

为了防止种鹅产蛋期发生缺钙的问题，需要在产蛋开始后就向饲料中添加种鹅用饲料添加剂，其中含有充足的钙、磷、维生素 D 和其他复合维生素。对于发病种鹅，可以紧急注射维丁胶性钙治疗，另外在每千克饲料中添加鱼肝油 10～20 毫升（参见问题 66 种鹅饲喂部分）。

（2）痛风 与营养物质缺乏的问题相反，痛风是由于摄入营养物质过多引起的。雏鹅痛风是尿酸代谢性疾病，是由于尿酸合成过多或排泄障碍导致高尿酸血症，进而以尿酸盐的形式沉积在关节囊、关节软骨、胸腹腔、各种脏器表面和其他间质组织的疾病。然而，生产中常见的却是高血尿酸为基础的大肠杆菌或小鹅瘟病毒等混合感染性疾病。虽然本病病因并未彻底阐明，但目前认为主要与饲料营养结构不合理（如蛋白质水平偏高、纤维水平偏低）、病原感染（如星状病毒、大肠杆菌等）及养殖环境恶劣这三方面的原因有关。本病多发生于缺乏青绿饲料的寒冬和早春季节。不同品种和日龄的鹅均可发生，临床上多见于雏鹅。大多因饲养者主观片面追求雏鹅增重速度，而忽视科学调配饲料和养殖环境卫生所致。鹅患病后表现为消瘦、食欲不振，严重的常导致死亡。本病是危害鹅业生产的一种重要的营养代谢疾病。

【病因】主要与饲料和肾脏机能障碍有关。①饲喂过量的蛋白质饲料。蛋白质含量过高将破坏肠道微生物区系，导致有害肠道杆菌滋长并产生大量内毒素进入血液循环，降低鹅体质健康。有害肠道菌及内毒素随粪便排出体外，导致养殖环境污染。②养鹅环境恶劣。鹅舍潮湿、通风不良、缺乏光照，存在有害菌及细菌毒素，同时，这些环境中的有害病原微生物又会反作用于鹅，造成机体健康和代谢异常。③肾脏机能不全或机能障碍。幼鹅的肾脏功能不全，饲喂高蛋白质饲料及一些抗菌药物如磺胺类药物等，均能损伤肾脏功能。④缺乏充足的维生素。如饲料中缺少维生素 A 也会促进本病的发生。⑤饮水缺乏。鹅舍温度较低，或饮水器数量不足，会导致雏鹅扎堆、拥挤，以致饮水不足，尿酸代谢障碍，诱发痛风病症。

【临床症状】根据尿酸盐沉积的部位不同，痛风可分为两种病型，即内脏型痛风和关节型痛风。

①内脏型痛风：主要见于 1 周龄以内的雏鹅。患病雏鹅精神委顿，食欲废绝，两肢无力行走摇晃，衰弱，常在 1～2 天内死亡。青年鹅或成年鹅患病，精神、食欲不振，病初口渴，继而食欲废

绝，形体瘦弱，行走无力，排稀白色或半黏稠状含有多量尿酸盐的稀便，逐渐衰竭死亡，病程 3～7 天。有时成年鹅在捕捉时也会突然死亡，多因心包膜、心肌上有大量的尿酸盐沉着，影响心脏收缩，而导致急性心力衰竭。

②关节型痛风：主要见于青年鹅或成年鹅，患病鹅病肢关节肿大，触之较硬实，常跛行，有时两肢的关节均出现肿胀，严重者瘫痪，其他临床表现与内脏型痛风病例相同，病程为 7～10 天。有时临床上也会出现混合型病例。

【病理变化】所有死亡鹅均见皮肤、脚蹼干燥。

①内脏型痛风：包括内脏器官表面沉积大量尿酸盐，像一层白霜，尤其心包膜沉积最严重，心包膜增厚，附着在心肌上，与之粘连，心肌表面也有尿酸盐沉着。肾脏肿大，呈花斑样，肾小管内充满尿酸盐，输尿管扩张、变粗、内有尿酸结晶，严重者可形成尿酸结石。少数病例皮下疏松结缔组织也有少量尿酸盐沉着。

②关节型痛风：可见病变的关节肿大，关节腔内有多量黏稠的尿酸盐沉积物。

【防控】改善养殖环境，建议采用高床网养、小栏饲养的模式和用热风炉供暖防止夜间寒冷、鹅雏扎堆难以饮水，避免血液尿酸浓度升高。也要保证鹅舍通风透光，垫料清洁干燥，清除一切可能滋生病菌的积粪、淤泥和脏水，避免鹅舍内大肠杆菌滋生。给鹅充足清洁饮水和戏水池活动用水；调整营养水平，调整饲料配合比例，适当降低蛋白质饲料，增加粗纤维类或新鲜青绿饲料，添加适当比例的益生菌、发酵饲料、有机酸等，以抑制肠道有害菌的滋生和排放；发病鹅群停用抗菌药物，特别是对肾脏有毒害作用的药物，在平时疾病预防中也要注意防止用药过量。同时，可配合使用星状病毒抗体预防病毒感染。

115 种鹅腹泻如何处理？

种鹅在生产中容易发生腹泻，特别是在产蛋高峰期，为了提高产蛋性能，应给予良好的饲料如豆粕、玉米等精饲料，以提高饲料中蛋白质水平。然而蛋白质含量过高，机体吸收不完全，刺激肠道代谢加快，从而使之容易发生腹泻。其他造成腹泻的原因还有很多，如饲养管理不善，饲喂发霉变质、腐败的饲料，饲喂过量青菜、青草等青绿饲料，饲料中的营养成分不全，饲料里含有芒刺及有毒物质，摄食受细菌污染的饲料、饮水，食物中毒，沙门氏菌、球虫、大肠杆菌等病原微生物感染，饲料中缺乏矿物质和沙砾，应激反应甚至饮水过多，因气温剧变而导致的受寒或中暑等。

各养殖场的发病情况各不相同，在没有经过现场检查的情况下，很难确定病因。为不耽误病程，一般要尽快请兽医进行现场检查确诊，对症下药。但一般需采取各种措施预防腹泻发生，如及时清理粪便，保持鹅舍和运动场清洁卫生；给予鹅舍良好的通风换气；及时排出污水，保持舍内和运动场干燥；饲喂无霉变和有毒有害物质的饲料；将鹅日粮中蛋白质含量控制在15％以下水平；在饲料中正确使用抗生素抑制有害细菌的滋生等。

在鹅日粮中添加微生态制剂（酵母菌、链球菌、乳酸杆菌、芽孢杆菌等益生菌），可提高雏鹅成活率、日增重及饲料报酬，同时可降低雏鹅腹泻等肠道疾病的发生率，也能保证大鹅肠道健康，降低鹅损耗，提高种蛋受精率和孵化率。

第十一章 产业前景和从业者素质要求

116 养鹅业的前景行情怎样？可以开展种鹅生产吗？

据统计，我国鹅的年存栏量达到 3.52 亿只，年出栏量达 6 亿多只，鹅肉总产量 163.35 万吨，均占全球总量的 90％以上。2013 年以来，受到 H7N9 禽流感致人伤亡事件的影响，家禽行业严重受挫，价格低迷、量价齐跌，白羽、黄羽肉鸡、蛋鸡和肉鸭产业都发生严重亏损，而只有养鹅产业价格一枝独秀、未受影响。如2014 年江苏、广东等省的肉鹅收购价格每千克都在 20 元以上。这也使得大量鸡、鸭养殖企业转而进入养鹅业，如闻名国内外的广东温氏食品集团、山东裕邦集团等进军全产业链养鹅业务。而从2018 年开始养猪行业暴发非洲猪瘟，一些养猪人士转入养鹅业务，纷纷购雏养种鹅。而养鹅生产也从一些传统产区，向其他区域拓展，如东北及内蒙古的许多地区利用草原开展养鹅生产及鹅屠宰业务，其他如河北、山西、甘肃和新疆也在扩展养鹅产业。这些都导致 2013 年以来养鹅产能不断扩大，全国种鹅饲养量增加 25％以上，而部分地区种鹅饲养量增加到 30％以上。

养鹅业近几年尽管快速扩张，也对鹅消费市场和整个产业造成了很大压力，如 2016 年局部地区肉鹅和种鹅价格都较前两年显著下降，一些养鹅农户和企业亏损严重，但是这一现状并不表明我国养鹅业前景暗淡。相反与养鸡和养鸭业相比，养鹅业可谓起步很晚，不仅诸如育种、饲料营养、养殖和装备技术等都落后于养鸡、养鸭业，而且也缺乏大型的一条龙全产业链养鹅企业，远未达到大而强的水平，再加上养鹅生产从以往的小规模副业生产向规模化转型过程中，又有许多新的"卡脖子"问题产生，这说明我国养鹅业还存在巨大的发展空间。市场、企业和技术的发展不平衡，始终为行业从业创造着各种机会。

例如，国内鹅生产和消费第一大省广东省的肉鹅产量，在近年都按每年 500 万只或 6% 的高速度增长，然而由于广东省内的鹅消费量增长更快，仍然使广东生产的肉鹅供不应求，鹅雏和商品肉鹅的销售价格始终居高不下。另外，虽然广东省内开展种鹅反季节繁殖生产已经有近 20 年的历史，饲养一只反季节繁殖种鹅的年净利润从以前的超过 200 元有所下降，但是近年开展狮头鹅的反季节繁殖生产，反季节鹅雏销售价格达到 70 元/只，饲养一只反季节繁殖种鹅的年净利润达到 500～600 元。这都说明广东省的养鹅业具有相当好的发展前景。

北方省份的鹅业形势如鹅雏和肉鹅价格虽然不如广东省的"火爆"，但是北方种鹅产蛋性能普遍高于广东鹅种，而且北方省份还未普遍推广种鹅反季节繁殖技术，也未利用良种开展杂交以高效率生产优质鹅雏和肉鹅。另外，北方的白鹅也可以从产量和质量更好的羽绒中获得更多收益。北方省份也可以养殖广东的灰鹅品种，以供应传统从广东采购但目前供不应求的粤菜馆原料鹅。因此，只要认真细分市场，掌握先进生产技术，高效生产市场适销品种或产品，养鹅业仍然将表现良好的发展势头，养鹅从业者仍然能够获得良好的经济回报。

我国各地的传统鹅菜肴中，除了著名的扬州盐水鹅、广东烧鹅、卤鹅、老鹅煲等传统地方特色鹅肉菜肴外，鹅体其他部件如鹅头、鹅掌、鹅翼、鹅肠、鹅肝和鹅肫等，也都被加工成为高附加值鹅肉食品。鹅羽绒作为鹅屠宰加工的副产品，也具有非常好的经济价值。可以说鹅全身都是宝。通过消费领域充分开发鹅菜肴新产品，通过消费拉动生产，已经很好地促进了广东省养鹅业的发展。今后通过有实力、有技术、有远见的企业将鹅产业各环节整合运行，通过合理研发新品、减少损失，提高效率，开拓市场，增加收益并在各环节间合理分配，促进养鹅产业进一步向现代化、产业化发展。而这一切，都要从种鹅养殖开始。

117 为什么很多投入较大的种鹅经营单位或企业会失败？

随着国民经济的发展，人民生活水平的提高，人们对于优质健康鹅肉食品的要求不断提高，鹅产品价格一直持续在一定的高位，因此养鹅业利润长期高于其他家禽养殖业。再加上一些地方政府和人士经济实力的上升，使得开展需要较大资金的规模化养鹅生产成为可能。

一些地方的养鹅生产或企业一开始就有大量甚至多达数亿元的资金投入，有些地方甚至特别从国外引进了优良品种，开展合资企业进行国际合作经营，聘请外国专家经营管理，建立特别高档的生产硬件设施，并在媒体上广为宣传开拓业务范围和占领市场份额，然而很多企业在经营几年之后很快销声匿迹。笔者团队分析了导致这些养鹅企业失败的原因，主要有下面几方面。

（1）不顾能力条件盲目上马　有些地方几乎没有鹅消费市场，也缺乏技术高超的养鹅技术人员，在未对市场充分调研、未对养鹅关键技术难题充分研究解决的时候，有时仅因道听途说养鹅业赢利能力强，即决定大量投资开始养鹅。有些企业在开展"公司＋农户"的生产模式中，未对其中关键结算方式进行充分研究而盲目照抄成功案例，结果虽然一开始能够把规模做上去，但最后无法收回产品进行销售，导致资金链断裂，企业很快倒闭。还有一些企业，虽然投资人拥有雄厚资金，但由于对养鹅业知之甚少，聘用的管理人员不仅技术不足，而且素质低下，不仅养鹅管理工作做不到位，还同客户、供应商之间进行利益交换，造成投资者损失巨大，最后草草收场。

（2）国外专家技术水土不服　一些企业从国外引进的专家和技术，不了解我国鹅种特性，不了解我国一些地方与国外存在的气候差异特点，照搬国外的养鹅技术应用到我国养鹅生产，在付出大量生产成本之后仍然未能获得良好的生产性能，导致这些养鹅企业最后失败。

（3）专靠项目，不练内功 政府支农项目资金曾经帮助过很多农业产业化经营，也产生过很好的效果，促进了我国农业产业化发展进程。但是政府的支农资金这个"外因"必须与经营者的"内因"相结合才能起作用。一些养鹅业者或企业虽然能够将小规模养鹅生产做得较好，但为了扩大生产规模化实现产业化经营，通过申报政府的扶持项目资金，并在尝到项目资金甜头后形成"等、靠、要"的心态习惯，而忽视了生产技术、经营技能等的自我提高，未能练好内功。在生产规模扩大后出现各方面技术问题，如员工素质和工作质量参差不齐、生产性能下降、养殖环境恶化、疫病频繁发生，最后导致亏损累累，生产和企业难以为继。

（4）经营者个人素质不足 许多经营者都有"同行是冤家"的心态，因而相互之间封锁消息，不进行技术和市场信息交流，也就没法从他人处学到新的技术理念。如果对一些关键的技术理念未有正确理解把握，经营者和企业必将很快落伍。还有一些养鹅经营人士，只有通过节省成本增加赢利的概念，而不知成本控制必须有底线，不知道必须通过增加投入、做好工作、提高效率，通过创新或研发新品最终获得几倍赢利的重要途径和做法。有些养鹅企业为了降低成本开支，使用低素质员工和劣质饲料，减少对养殖环境的维护，结果是适得其反，不仅严重降低鹅的生产性能，而且造成更多的死亡，招致重大损失，实在得不偿失。

（5）三心二意，不能持之以恒 "坚持就是胜利！"任何工作都需要长期的坚持，才能够有所收获。例如国内一些著名的养殖企业，都在是默默无闻潜心经营达七八年之后，才进入养殖事业突飞期。然而有许多人持机会主义心态，在鹅雏或肉鹅价格高时进入养鹅行业，在养殖低迷周期时，又为了避免亏损或希望赚更多钱，便放弃养鹅业进入其他领域，最后得不偿失，毫无建树。

（6）缺乏信息，贸然入行 有些从未养过鹅的人，为了早日发家致富，通过上网调研如何赚钱。在大量的网络信息中，他们被一些"提供便宜鹅雏、提供全套养鹅技术服务、高价回收肉鹅"等之类的虚假广告，以及虚假的实地考察现象所欺骗，在支付巨款购买劣质鹅雏而无任何后续服务之后，才发现上当受骗，招致巨大损失。

118 种鹅生产经营需要考虑的问题有哪些？

①种鹅生产经营主要包括鹅场建设、生产管理、种蛋孵化、饲料营养、疾病防控、鹅雏销售和人员管理等。

②不论养殖规模大小，或采用何种养殖方法，都需要建造规模适宜的生产场地，以利于养殖工作顺利开展。建设良好的鹅场、舍及内外部设施，可提高生产效率，提高鹅场生物安全保障，同时减少或避免养殖对外部环境造成的任何污染或疾病传播，形成养殖场与周边地区的和谐共处，使养殖工作获得顺利可持续开展。

③生产管理涉及种鹅培育、种鹅繁殖、种蛋孵化、鹅雏处理等各个生产环节，包括新品种、新技术、新颖投入品、良好的设施设备等的应用，从而提高生产效率，提高鹅只健康，降低疫病发生和死亡率，降低生产成本，研发新颖和/或优质鹅雏产品，提高产品或鹅雏的市场受竞争力及销售价格，提高种鹅场经营的经济效益。

④生产管理工作还涉及鹅场工作人员的管理，这是影响鹅场种鹅生产性能和工作业绩的非常重要的方面。良好的生产经营者通过持续的学习进步，不断关注行业和市场变化动态，做好鹅场生产工作的重要决策，是使鹅场避免失误获得赢利的重要保障。良好的经营者还需要通过管理鹅场一线生产员工，狠抓细节，方能提高工作质量和生产业绩，同时做强鹅场的生产经营工作。

119 如何才能成功经营好种鹅生产？

毛主席曾说过，"世间一切事物起决定因素的东西是人；不是物。"前面几章都已经全面论述了经营好种鹅场的各种硬件要求和科技知识，能否贯彻执行并良好应用这些技术和硬件，从而使种鹅生产不断走向成功，还是取决于生产者自己，取决于生产者自身的素质和不断学习提高、开拓进取的能力。在此介绍一个广东省农民在养鹅方面不断成功的事例。

（1）要有敢闯敢干的创业精神　种鹅生产作为养鹅生产中的重要环节，其繁殖的季节性成为制约产业发展的"卡脖子"问题。1999 年，广东省台山市斗山镇大湾村的养鹅农民陈民虫，不满足于顺应鹅的自然繁殖规律，特别希望能够进行种鹅的反季节繁殖，费尽周折千方百计找到华南农业大学专家，并主动拿出 1 万元经费用于横向合作进行科研攻关。在专家的指导下，经过半年的尝试，1 500 只试验鹅当年就成功进行反季节繁殖生产，并获得每只雏鹅 40 元市场售价、饲养 1 只种鹅产生 200 元以上的净利润的良好收益。他付出的 1 万元科研资金，当年就为他带来了几十万元的经济回报。在之后的几年，陈民虫不断扩大生产规模，2003 年前就饲养能繁母鹅 2 万只以上，成为全国最大的养鹅专业户。陈民虫还将反季节繁殖技术介绍给当地其他农民，认为需要通过"成行成市"才能扩大知名度，吸引各地客商，从而进一步拉动生产和销售。在他的影响和带动下，附近反季节繁殖鹅的饲养户不断增加，也使台山市斗山镇成为广东著名的种鹅反季节繁殖和雏鹅供应基地。

（2）要有不断进取的创新精神　2001 年马冈鹅反季节繁殖技术研发成功后，该模式在广东省各地不断被推广应用，至今广东省已有 80% 左右的种鹅生产应用此技术，这也加剧了市场竞争，降低了反季节鹅雏销售价格，降低了鹅反季节鹅繁殖生产的比较效益。如何持续提高养鹅业的经济效益，又成为台山养鹅农民的新课题。一些农民开始改为养殖价格更高的狮头鹅。在经过几年的尝试后，在注重控制养殖密度和环境污染基础之上，成功开展狮头鹅反季节繁殖生产，反季节鹅雏获得高达 65～75 元/只的市场售价，使得饲养 1 只种鹅的全年净利润达到 500～600 元。这些台山农民在开拓进取的精神支撑下，使养鹅事业不断走向新的成功和高度，将原先的种鹅场发展成为家庭农场经营模式，甚至已经做好"子承父业"的人事安排，要将养鹅业作为家族事业延续下去。

（3）有投资技术获得效益的理念　成本控制虽然是企业生存的重要工作，但是在饲养活口畜禽时却不能无底线降低成本，特别是养鹅生产，其成本要大大高于其他养殖业，更是难以进一步降低的。台山农民陈志达和李树国，为了提高鹅种蛋的孵化性能，拆除了价值20多万元的10台常规全自动大型孵化机，而一次性花费20多万元，换上一批大角度翻蛋的任氏孵化机。这种大角度翻蛋孵化机能够将入孵蛋孵化性能提高3.5%～5%，相当于将一个上万只种鹅场全年好几百万元的总产值再提高3.5%～5%，即可把全年的净利润提高30万～40万元，对于做强种鹅生产使之可持续发展具有特别重要的意义。可以说，良好的经营者，从来都是考虑如何巧用投资来提高生产效率、提高产品销售价格，而非一味通过降低成本来增加收益。

（4）树立尊重科技、用能人的理念　首先要树立尊重科技、用能人的理念。很多知名企业都有出高价聘用高技能人才的做法，甚至为了留住优秀员工而不惜给高额奖励和企业股份。其次是创造良好的企业文化，建立合理的考核制度，结合人性化管理提高员工凝聚力，从而使其可以长期为企业服务奉献。而优秀员工也恰恰能够不负企业经营者的期望，能够兢兢业业，忠于职守，做好工作，提高效益。如广东省清新区的阳希文，在公司老总"三顾茅庐"及支付同行2倍工资的盛情邀请之下，他充分施展其研究生毕业的才华，使公司3万只规模的种鹅生产开展得井井有条，也顺利开展了狮头鹅反季节繁殖生产，使企业在广东省养鹅界产生重要影响。

（5）有诚信务实、遵纪守法的信念　只有诚信务实，经营者才能正确对待员工及其所饲养的种鹅，通过团结各位员工与之建立手足之情，才能促进他们发扬认真到位、精益求精的工作精神和态度，才能使各位员工不断提高工作能力和水平，及时并主动解决生产中遇到的各种问题，避免产生各种不良后果。只有遵纪守法，经营者才能为员工树立良好的榜样，使之能够遵守企业的各种规章制度。也只有遵纪守法，才能使鹅场经营符合政府和社会的要求，不致破坏所在社区和环境的和谐局面，使种鹅生产能够持续经营。

（6）要根据市场动态调整经营 优秀的经营人员还需要不断关注市场行业动态，不仅要了解最新技术进展，及时引进新技术新产品应用于种鹅生产，以避免损失，提高效益；而且也需要及时了解市场销售行情，并及时对自己的种鹅养殖进行调整。例如在 2005年，许多广东鹅农在开展种鹅反季节繁殖生产并获得巨大收益之后，认为应该继续这种生产方式，以获得更大经济回报。然而当时由于大部分肉鹅养殖户没有做好相应准备，反季节鹅雏市场容量仍然较小，经不起一哄而上的反季节繁殖生产，导致夏季鹅雏价格严重低迷，使得当年鹅反季节繁殖生产亏损累累。然而也有一部分种鹅养殖户，始终在关注市场行情，并对此进行独立冷静的判断，并决定在正常繁殖季节安排鹅雏生产，从而避免了亏损，使其种鹅生产始终保持良好的经济效益。

另外，当鹅雏产品在一个区域市场出现销售饱和之势时，则必须考虑将鹅雏销售到其他地区价格坚挺的市场，如一些浙东白鹅经营者，将浙东白鹅远销到鹅雏价格高的海南地区。

良好的种鹅生产者，必须向市场行业供应良好的鹅雏，不仅要提供生长快、体型大、肉质好的鹅雏品种，而且要通过清洁卫生的养殖环境提高鹅雏的健康和成活率，从而以良好的口碑和品牌形象，赢得同行和市场的信任，使自身的经营能够不断可持续发展。

120 怎样利用全国各地的资源发展养鹅产业？

养殖业的现代化发展，必须考虑和做到环境友好才能实现可持续发展。华南和华东地区鹅生产和消费重点区域，也都是经济发达省份，人口密度高，经济占地多，用于养殖的土地资源极度不足。这些地区对养殖造成的环境变化和人兽共患病的发生极为敏感。然而这些地区鹅产业科技含量、鹅从业人员素质和经济实力均较高，有条件和优势为全国鹅产业发展作贡献，但他们必须克服和避免其当地的土地和环境资源制约，需要考虑利用全国的环境和土地资源发展养鹅产业。

　　最早使用异地资源发展养鹅产业的做法，是安徽省六安地区的从业者在东北地区开展鹅屠宰业务，利用东北地区的土地资源、充足的饲草和玉米饲料资源生产质优价廉的肉鹅，屠宰后将鹅胴体销售到江苏地区的风鹅生产厂，将鹅羽毛销售到安徽等地的羽绒企业，充分利用各种鹅产品，从而获得较高的经济效益，很好地推动了东北地区的鹅产业发展。这一南北合作的鹅产业发展模式，在新时代被继续发扬光大。华东地区的企业利用优良的鹅种质资源优势，到东北地区对当地鹅种进行杂交改良，并以此成立杂交种鹅的扩繁场和商品肉鹅的生产基地，以供应南方肉鹅市场的原料肉鹅。可以预见，南方的养鹅企业将更多地到东北地区发展业务，进一步推动东北的鹅产业发展。

　　在我国重要的旅游地区海南省，鹅肉的消费非常旺盛，但省内的鹅生产特别是种鹅和鹅苗的生产严重不足，使得鹅苗的价格常年居高不下。针对这一商机，广东和华东的一些种鹅生产者，利用光照技术调控种鹅的繁殖，从而全年均衡生产海南推崇的浙东白鹅鹅苗。一些从业者甚至在黑龙江安排种鹅生产，利用便利的现代物流将种蛋快速运输到广东化州进行孵化，然后将孵出的鹅苗销售到海南，从而通过南北合作生产销售获得良好的经济效益，也为鹅产业建立了浙东白鹅的"北繁南养"经营新模式。

　　广东和其他南方一些种鹅场，利用所掌握的鹅反季节繁殖技术，在夏季生产反季节鹅苗，然后高价销售至华东和中部地区一些鹅肥肝企业，以解决其在夏秋季难以获得朗德鹅苗的难题，从而促进了这些肥肝企业的全年均衡生产和市场供应。

　　当前，一些东部企业还响应国家帮扶新疆发展边疆的号召，利用资金和技术到新疆投资养鹅，利用鹅产肉性能高、生长周期短、能够将饲草资源高效转化为优质肉品和高价值羽绒的优势，为提高当地牧民经济收入，促进民族地区经济发展，促进民族团结和国家繁荣富强作出新的贡献。

参 考 文 献

陈国胜，杨冬辉，梁勇，等，2011. 日粮中代谢能和粗蛋白水平对马冈鹅繁殖性能的影响 [J]. 安徽农业科学，39 (14)：8646-8647.

陈哲，邵西兵，施振旦，2017. 反季节繁殖生产种鹅场的设计 [J]. 中国家禽，39 (23)：77-80.

黄运茂，施振旦，2008. 提高广东灰鹅反季生产水平的措施 [J]. 中国家禽 (30)：46-48.

江丹莉，李万利，孙爱东，等，2009. 规模化种鹅生产中种蛋受精率的影响因素调查分析 [J]. 中国家禽，31 (4)：44-47.

江丹莉，刘丽，陈芳，等，2011. 细菌内毒素对肉鹅生长性能及免疫机能的影响研究 [J]. 中国家禽，33 (7)：10-15.

刘容珍，田允波，施振旦，等，2009. 鹅场洗浴池细菌密度对鹅产蛋数、受精率和活胚率的影响 [J]. 广东农业科学 (7)：159-165.

刘容珍，田允波，施振旦，等，2009. 内毒素对鹅胚胎发育的影响 [J]. 仲恺农业工程学院学报 (22)：56-59.

麦燕隆，郭日红，施振旦，2012. 朗德鹅在南方的反季节繁殖生产及其"南繁北养"模式的建立 [J]. 中国家禽，34 (21)：51-53.

邵西兵，雷明明，陈效鹏，等，2014. 影响鹅反季节繁殖孵化性能的相关因素分析 [J]. 中国家禽，36 (15)：52-54.

施振旦，2005. 鹅季节性繁殖调控技术研发和展望 [J]. 养禽与禽病防治 (11)：14-16.

施振旦，戴子淳，邵西兵，2017. 调控繁殖季节提高种鹅生产经济效益的技术发展 [J]. 中国家禽，39 (15)：1-4.

施振旦，黄运茂，吴伟，2008. 鹅产蛋周期及其生理学调控机制研究的回顾 [J]. 中国家禽，30 (9)：1-5.

施振旦，刘丽，孙爱东，2011. "禽-鱼"高密度养殖对水禽生产性能危害的研究 [J]. 中国家禽，33 (13)：1-3.

施振旦，麦燕隆，吴伟，2011. 我国鹅舍的建造类型及配套设施发展现状和

趋势探 . 中国家禽，33（9）：1-4.

施振旦，孙爱东，2011. 鹅繁殖季节的调控和配套技术［J］. 中国家禽，33
（18）：40-42.

施振旦，孙爱东，黄运茂，等，2007. 广东鹅种的反季节繁殖光照调控原理和
技术［J］. 中国家禽（19）：40-42.

施振旦，孙爱东，梁少东，2005. 季节性繁殖调控技术对养鹅产业化的推动
［J］. 中国家禽，27（8）：1-3.

施振旦，孙爱东，梁少东，2007. 推广鹅反季节繁殖技术，推进新农村建设
［J］. 中国禽业导刊，24（21）：40-41.

孙爱东，梁少东，施振旦，2005. 广东省鹅反季节繁殖和生产的经济效益分
析［J］. 中国家禽，27（4）：17-19.

奚雨萌，闫俊书，应诗家，等，2018. 雏鹅痛风发病原因及其防控技术［J］.
中国家禽，40（23）：63-66.

阳希文，孙爱东，陈哲，等，2015. 狮头鹅反季节繁殖技术［J］. 中国家禽，
37（10）：61-62.

应诗家，施振旦，2013. 鹅场废弃物的处理与利用［J］. 中国家禽，35（19）：
45-47.

赵鑫，邵涛，王亚琴，等，2012. 维生素、矿物质与能量蛋白质水平对浙东白
鹅母鹅繁殖性能、血液生殖激素浓度及生殖轴相关基因 mRNA 相对表达量
的影响［J］. 动物营养学报，24（6）：1110-1118.

Jiang D-L，Liu Li，Wang C-Li，et al.，2011. Raising on water stocking densi-
ty reduces geese reproductiveperformances via water bacteria and lipopolysac-
charide contaminations in "geese-fish" production system［J］. Agricultural
Sciences in China，10（9）：1459-1466.

Shi ZD，Tian YB，Wu W，et al.，2008. Controlling reproductive seasonality in the
geese：a review［J］. World's Poultry Science Journal，64（3），343-355.

Sun AD，Shi ZD，Huang YM，et al.，2007. Development of geese out-of-sea-
son lay technique and its impact on goose industry in Guangdong Province，
China［J］. World's Poultry Science Journal，64（3）：481-490.

Yang XW，Liu L，Jiang DL，et al.，2012. Improving geese production per-
formance in "goose-fish" production system by competitive reduction of path-
ogenic bacteria in pond water［J］. Journal of Integrative Agriculture，11
（6）：993-1001.